大面积实蝇控制计划中不育蝇的包装、运输、保存和释放指南

第2版

联合国粮食及农业组织　编著

刘海龙　王礌礌　译

中国农业出版社
联合国粮食及农业组织
国际原子能机构
2019 · 北京

引用格式要求：

粮农组织和中国农业出版社。2019年。《大面积实蝇控制计划中不育蝇的包装、运输、保存和释放指南》（第2版）。中国北京。156页。

许可：CC BY-NC-SA 3.0 IGO。

本出版物原版为英文，即*Guideline for packing, shipping, holding and release of sterile flies in area-wide fruit fly control programmes（second edition）*，由联合国粮食及农业组织于2017年出版。此中文翻译由中国农业科学院农业信息研究所安排并对翻译的准确性及质量负全部责任。如有出入，应以英文原版为准。

本信息产品中使用的名称和介绍的材料，并不意味着联合国粮食及农业组织（粮农组织）对任何国家、领地、城市、地区或其当局的法律或发展状况，或对其国界或边界的划分表示任何意见。提及具体的公司或厂商产品，无论是否含有专利，并不意味着这些公司或产品得到粮农组织的认可或推荐，优于未提及的其他类似公司或产品。

本信息产品中陈述的观点是作者的观点，不一定反映粮农组织的观点或政策。

ISBN 978-92-5-109891-2 （粮农组织）
ISBN 978-7-109-25630-9 （中国农业出版社）

前　言

国际植物检疫措施标准（ISPM）由《国际植物保护公约》（IPPC）制定。ISPM 第三号《生物防治天敌及其他有益生物的出口、运输、进口与释放指南》于 2005 年制定，将不育昆虫也纳入了指导范围。随着昆虫不育技术（SIT）的进步以及不育昆虫的应用和跨界运输的增加，人们对与 SIT 应用相关的从虫蛹运输、蝇虫羽化到昆虫释放等大规模饲养之后的生产过程的步骤衔接以及技术优化提出了更高的要求。本指南是目前世界上大多数不育果蝇所应用的昆虫不育技术标准流程的汇编。

本指南（第 2 版）是 2007 年由联合国粮食及农业组织（FAO）出版的，是其和国际原子能机构（IAEA）联合编纂的版本的升级版。参与新版本编辑的专家多数具有在大规模害虫治理项目中应用 SIT 的经验。所有最新研发进展带来的创新及其在 SIT 应用中的实践经验都在新版本中有所体现。

新版本对大部分章节的内容和主题进行了更新。例如，评估了不育蝇与可育蝇比例和密度的新方法，新的包装方式，保存、释放设备和流程；增加了关于地理信息系统（GIS）的章节；更新了图表，采用了更新的参考文献。删除了第 1 版中的第 11 章（辐射后的质量控制）和第 12 章（重捕不育和可育果蝇的识别），因为针对上述内容已经制定了专门的指南。

本指南中多数规程起初是针对地中海实蝇 [*Ceratitis capitata*（Wied.）] 设计的。但是稍加调整后，这些规程也适用于其他果蝇害虫种类，如按实蝇（*Anastrepha*）、东方果蝇（*Bactrocera dorsalis*）和昆士兰实蝇（*Bactrocera tryoni*）。本指南为草案，将随着 SIT 的进步定期进行审查和更新。随着相关数据的收集和积累，未来的版本将尽力涵盖对更多其他种类果蝇的建议。

本指南中的操作规程有助于保证释放的不育蝇达到最好的质量，以及释放密度达到 SIT 项目区域的最低要求。出版本指南的目的是迅速识别和纠正影响项目有效执行的问题，如羽化未达到最佳水平、处理和释放条件对不育蝇质量产生了不良影响等。

　　本指南致力于有意利用 SIT 进行大规模害虫治理的 FAO 和 IAEA 成员国间促进高端技术的转移和标准化应用。私营部门对投资不育蝇的生产、包装和释放也越来越感兴趣。本指南作为不育蝇后期生产阶段的标准操作规程有利于促进 SIT 的应用和推广。

　　负责新版指南的是 FAO/IAEA 粮食和农业核技术联合项目的官员 Walther R. Enkerlin、J. Reyes 和 J. Hendrichs。

目 录

1 引　言

昆虫不育技术（SIT）是指通过持续、大面积地释放大量靶标害虫的不育个体，使其与靶标害虫的野生个体在交配上形成竞争关系，以达到降低靶标害虫生殖潜力的目的。不育昆虫在释放前，要经过装箱、羽化、饲喂等过程，达到性成熟后，再装入运载设备运输至目的地进行空中或地面释放。上述步骤如何操作对 SIT 项目能否成功至关重要，因为这也是培育高质量的不育昆虫的过程。

利用 SIT 进行大面积害虫综合治理（AW-IPM）已经有几十年的成功经验，积累了大量有价值的信息，可以形成操作指南。项目实施过程中的互动和信息交流对 SIT 流程优化和技术改良产生了重要影响，研究人员对 SIT 的改良又进一步提高了 SIT 的可操作性。本指南是由 SIT 项目实施人员和 SIT 研究人员共同开发的（见附录 1 贡献者名单）。

SIT 在项目实施过程中可清晰地划分为两个阶段：①昆虫运输和释放之前的大规模饲养和辐照绝育阶段。②昆虫绝育之后的阶段，包括不育昆虫的包装、运输、处理、羽化、饲喂、保存和释放。

第二个阶段与第一个阶段相比有很大不同。总体来说，昆虫的数量比大规模饲养时要小，重点关注的是昆虫的成虫阶段。与在生产设备中进行的长达数周的昆虫的其他生命阶段相比，成虫需要的空间和运动完全不同，饲养时间也更短，通常只有几天。因此，必须对成虫的生产过程和成虫产品进行特殊的质量控制检测，才能保证高质量不育昆虫的释放。产品（不育蝇）质量控制检测可以在《不育果蝇大规模饲养和释放的产品质量控制（第 6 版）》[联合国粮食及农业组织（FAO）/国际原子能机构（IAEA）粮食和农业核技术联合项目，国际原子能机构，奥地利维也纳（2014）] 一书中进行查阅。网址为 http://www-naweb.iaea.org/nafa/ipc/public/sterile-mass-reared-v6.pdf。

本指南中，虫蛹接受辐射后，从包装到不育蝇田间释放的过程通过以下流程图呈现：

1

不育蝇释放流程

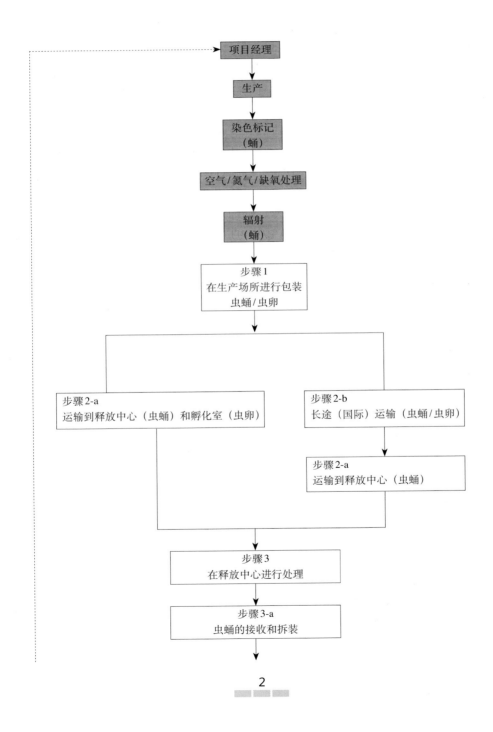

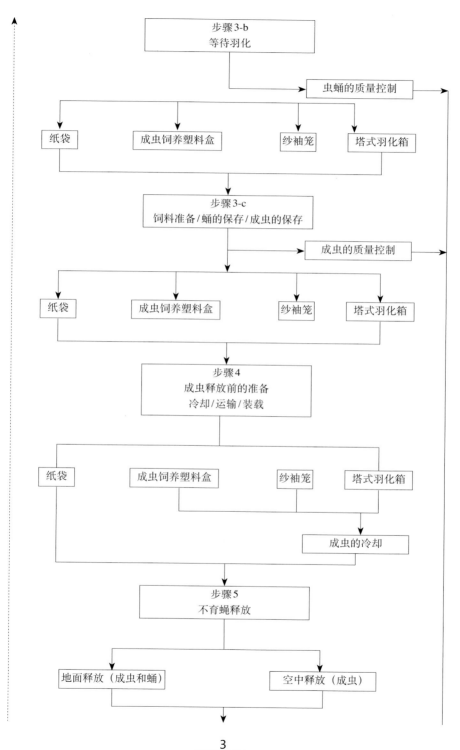

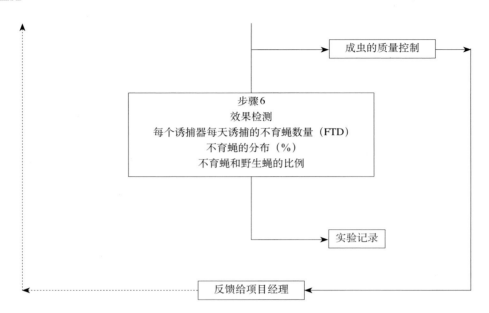

2 在规模饲养工厂的包装

流程图步骤1

经过辐射处理的不育虫蛹在运输到羽化和释放中心前，需要经过妥善包装。短途运输和长途运输（包括国际运输）包装方式各有不同，如下文所述［Zavala等，1985；FAO和IAEA，2000；FAO、IAEA、美国农业部（USDA），2014；本指南附录4］。不同大小和重量的包装设计，其目的是避免在运输途中发生破损。

2.1 塑料瓶

密封的塑料瓶通常只适合短途运输，用于将不育虫蛹运输至本地的羽化和释放中心（图2.1）。该方式已经在墨西哥使用。塑料瓶需要用配有空调或制冷设备的工具运输，不需要额外的包装或者包隔离材料，但需要用适当的材料对塑料瓶进行固定，避免运输时过度震荡。

如果运输工具没有配备空调等降温设备，塑料瓶需要放置在装有冷却装置（如水凝胶）的保温盒中，以维持适宜的温度（16 ~ 20℃）。

图2.1 墨西哥地中海实蝇蛹进行绝育和运输的塑料容器
（©FAO/Moscamed项目，墨西哥、危地马拉、美国）

2.2 纸板箱

不育虫蛹需要长途运输到释放中心时，首先应放置在聚乙烯塑料袋中，再放置在牢固的纸板箱内。例如，用于运输每袋容量为4升、规格适用于Hussmann辐射器装置的不育虫蛹的纸板箱，材质为双层波纹纸板，内部体积为74厘米×34厘米×34厘米，纸箱上下两面为整张纸板。盒子内部分隔出一定的空间，用几层波纹纸板隔开。9袋虫蛹分3层、每层3袋纵向排列放入盒内。每层虫蛹之间用双层波纹纸板隔离，每袋虫蛹之间用单层波纹纸板隔离。在纸板箱两端均留有一定的空间用来放置冷却物。这些用来冷却的物质可以是包装工厂生产的冷凝胶，也可以是用报纸包裹的两块"蓝冰"（图2.2a）。

纸板箱的容量可以不同，但温度一定要保持在16～20℃。澳大利亚采用的包装方法是将每袋容量为2升的虫蛹分别装入一个硬纸盒里，每10个这样的硬纸盒再放在一个聚苯乙烯泡沫塑料盒里（图2.2b）。阿根廷采用的包装方法是将7个容量为2.8升的袋装虫蛹装入体积为42.5厘米×33厘米×27厘米的聚苯乙烯泡沫塑料盒内（FAO、IAEA、USDA，2014）。

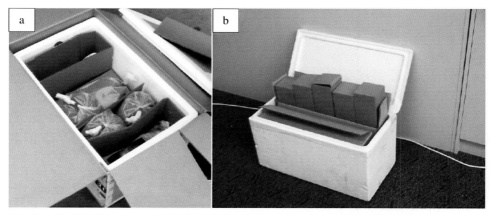

图2.2 a危地马拉Moscamed饲养车间的用于运输不育地中海实蝇的纸板箱内部 b澳大利亚用来运输昆士兰实蝇的聚苯乙烯泡沫塑料盒内部（©FAO/Moscamed项目，墨西哥、危地马拉、美国；澳大利亚昆士兰实蝇项目）

纸箱装满后，需要用纸箱钉将其封上（钉子的位置不能碰到装蛹的袋子），然后再绑上塑料胶带进行加固（图2.3）。

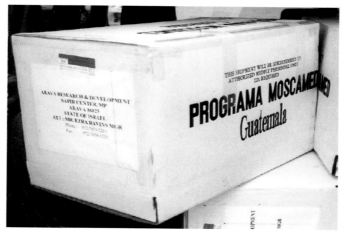

图2.3　危地马拉Moscamed饲养工厂封装好的运输不育地中海实蝇虫蛹的盒子（FAO/Moscamed项目，墨西哥、危地马拉、美国）

2.3　塑料篮

为了使虫蛹在运输过程中停止新陈代谢和发育，塑料袋里面的含氧量极低（缺氧状态）。每个袋子的大小为15.3厘米×7.3厘米×46厘米，可以装大约30万个蛹（根据蛹的大小和重量，大致可以换算成5升或者2.5千克）。每4个这样的蛹袋为一组，放在体积为39.5厘米×60厘米×20厘米的塑料篮中，用配有空调或者制冷设备的运输工具，从危地马拉的El Pino生产工厂运输到距离其200千米的地中海实蝇包装和释放中心。

2.4　标识

所有的包装盒都应进行合理标识（图2.4），如"易碎"或者"生物制品"等词语。"不育昆虫活体"和指示保存条件的词语，如"这边向上""轻拿轻放""保持凉爽"或"防止太阳光曝晒"等词语也应该在包装盒上有所体现。

上述词语应作为实施SIT项目的标准词语，而如"保持冷藏、不要冷冻"等词语因容易引起歧义应避免使用。正如本指南3.1部分所述，不育昆虫的保存条件一般不能低于20℃，在特定情况下可以在16～18℃保存。

为了便于查找物流信息，包装盒上需要有完整的地址信息和货运号。此外，还应该把每批货物中每个盒子都连续编号，并用大字号清楚地写在包装盒的外面，例如，第18箱货物，24个盒子中的第3个。

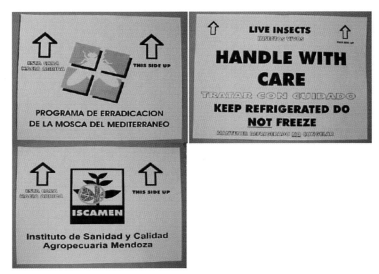

图2.4　从阿根廷（Mendoza饲养工厂）运到西班牙（巴伦西亚地区）的
不育地中海实蝇虫蛹包装盒上的3个标签（FAO/植物保护机构）

　　每个纸箱里均应附有关于不育虫蛹详细信息的表格：虫蛹的总量（升）、采集编号以及基本的质量控制参数（如蛹重，蛹/升），还应包含每个关键控制点（如辐射、运输、接收、质量控制）的负责人签名。装虫蛹的容器（袋或瓶）里也要附有不育虫蛹的辐射参数。为了保证完整性，装虫蛹的容器需要在辐射前进行密封。上述所有流程可以保证虫蛹容器的可追溯性。

2.5　参考文献

FAO/IAEA/USDA. 2014. Product quality control for sterile mass-reared and released tephritid fruit flies. Version 6.0. IAEA, Vienna, Austria.

FAO/IAEA. 2000. Gafchromic® Dosimetry System for SIT, Standard Operating Procedure. Joint FAO/IAEA, Division of Nuclear Techniques in Food and Agriculture. Vienna, Austria, 42 pp.

FAO/IAEA/USDA. 2014. Product quality control for sterile mass-reared and released tephritid fruit flies. Version 6.0. IAEA, Vienna, Austria.

Zavala, J. L., M. M. Fierro, A. J. Schwarz, D. H. Orozco, and M. Guerra. 1985.Dosimetry practice for the irradiation of the Mediterranean fruit fly *Ceratitis capitata* (Wied.). *In* 23-30.IAEA [ed.], High dose dosimetry, Proceedings of the International Symposium,STI/PUB/671.IAEA. Vienna, Austria.

3 运输到羽化、释放中心（虫蛹）和饲养工厂（虫卵）

流程图步骤2-a

3.1 虫蛹

在运输过程中，装虫蛹的纸箱需要轻拿轻放和避免过分挤压，防止在纸箱中积累过多的代谢热量。经过辐射的虫蛹对振动非常敏感：James（1993）指出，常温环境下，5小时的运输振动会导致运输箱内虫蛹100%死亡。过度的振动还可能使虫蛹外壳上的染料剥落，而染料是在后期诱捕不育蝇时，识别不育蝇的关键标识。

装船之前和转运过程中，装蛹的密封纸箱要存放在安全、干净的场所，避免虫蛹受到其他昆虫的污染（搭便车者）。

理想情况下，装虫蛹的纸箱在运输过程中应该保持在20℃或略低于20℃。但在某些情况下，例如，从危地马拉El Pino运输到美国佛罗里达州，为了应对运输过程中的高温、高湿，运输车内温度通常设置在16～18℃。而在墨西哥，由于规模饲养厂和包装场所距离较近，冷藏车内温度一般控制在18～20℃，而且纸板箱中不需要放置"蓝冰"（SAGARPA-SENASICA，2013）。虫蛹应被视为"易腐"产品，全程保持"冷链"运输。在任何情况下，纸箱内装虫蛹的容器温度都不能低于0℃或在30℃以上的环境中超过几分钟。阳光直射时间过长可能导致纸箱内部温度超过30℃。运输人员可以在纸箱内放置温度记录仪，记录运输途中的最高温度和最低温度。在短途运输中，如果外部环境温度可能导致虫蛹过热，可以使用带有空调或制冷装置的车辆运输而进行降温。负责不育虫蛹运输、搬运、卸货的工作人员需要提前进行培训，在运输过程中，需要对虫蛹状态全程进行监控。

监控管理者需要填写关于装运不育虫蛹规格和其他情况的表格，表格中至少要包含的信息见附录3。表格由监控管理者填写并签字，表格的复印件随货物一起运输。无论运输目的地是国内还是国外，监控管理者都需要复印4.2.5部分所涉及的所有文件，并让其随货物一起运输。

到达目的地后，国家植物检疫部门和海关会清查货物。收货人必须仔细检查随货物一起到达的表格并核查：①发货人是否已经在表格上签字。②货物内容是否与表格所提供的信息相吻合。必须强制核查每个虫蛹包装上所附带的辐射参数条件。这些辐射参数必须清晰地表明，虫蛹已经按照《大规模饲养不育地中海实蝇的产品质量控制和运输规程手册》要求，经过了特定剂量的辐射（FAO、IAEA、USDA，2014）。核查完毕后，收货人必须签写"货物已经按要求签收"的证明。在核查过程中，发现任何与货物内容有矛盾之处，应立即向发货人报告，并马上做出货物是保留还是销毁的决定。一旦发现虫蛹辐射剂量不足，应立即安全销毁整批货物。

3.2 地中海实蝇性别选择品系虫卵的运输（GSS-*tsl*）

将虫卵从母工厂运输到子车间的流程可以大大地提高规模饲养的效率，即母工厂主要负责生产提供给子车间的虫卵，而子车间不需要投资昆虫饲养设备和过滤饲养系统（Fisher和Caceres，2000）。这种方式允许子车间只生产后期用于辐射和释放的雄虫（Caceres等，2007a\b；Maman和Caceres，2007）。

3.2.1 操作、包装和运输流程

温度敏感基因（*tsl*）突变的地中海实蝇遗传区性品系虫卵在最初发育的24小时，既对低温敏感，也对高温敏感（高温可以杀死所有雌虫卵）。为了避免虫卵在运输过程中受到损伤，虫卵在产下12小时内应浸泡在200微升/升氯溶液中10分钟，或者用水冲洗后，在24℃温度下进行24小时水浴。如果只想保留雄虫卵，杀死雌虫卵，需要在34℃条件下再孵育12小时。无论孵化的虫卵是为了种群繁殖还是为了获得雄虫，在运输时都应与预冷的水或者0.1%～0.2%的琼脂溶液混匀，放置在适当的容器内，并保存于5℃条件下。

目前已经证明，虫卵产下12小时内，在23～35℃温度条件下经过12小时的孵育（预处理），在5～15℃条件下储存不超过72小时，是运输虫卵合适的窗口期。

经过上述处理，可以使虫卵保持很好的活力，并可以成功地发育为成虫。

（1）容器

盛放虫卵容器的基本功能包括能容纳一定数量的虫卵，并在运输过程中保持虫卵的质量。

塑料袋：在24～48小时的短途运输中，可以将0.5～1.0升的卵溶液（1体积卵：1体积保存液）密封在厚度约0.025 4mm的"Ziploc"聚乙烯塑料袋中，保存在装有冷冻水凝胶的保温箱中，以维持运输时5～15℃的箱内温度。为了防止塑料袋发生破损，保温箱内应放置隔板。包装的尺寸和重量设计均是为了尽量减少破损。同时要尽量缩短运输时间，不要超过48小时。

保温盒：密封绝缘金属瓶或塑料瓶只在虫卵长途运输时使用。将卵和琼脂溶液（0.1%～0.2%）以1:1体积比混合后进行运输，可以避免虫卵的沉淀和损坏。保温盒可以盛放0.5升的卵琼脂溶液。在运输过程中，容器可以保持室温，但要尽量缩短运输时间，不要超过72小时。

运输箱：保温盒和放置在保温箱中的塑料袋要放入纸板运输箱。运输箱的大小和重量的设计均要尽量避免发生破损。

（2）标识

运输箱需要使用通用标识，一方面标明运输箱中存在生命物质，另一方面提供运输箱应该如何保存和处理的信息。运输箱上还应该标注"易碎""保持凉爽、不要冷藏"等词语。另外，还应该标明虫卵来源地、卵龄以及是否经过热处理等信息（见第2.3节）。

3.2.2　虫卵到达目的地之后的处理

到达目的地后，应小心打开保温盒或者塑料袋，让虫卵温度逐渐上升至室温。然后根据虫卵的数量，取出虫卵放置在200微升/升氯溶液中浸泡10分钟，再在适宜温度的自来水中轻蘸几次。处理完毕后，将虫卵和水以1:20的体积比混合，接种到装有饲料的饲育盘上。在某些情况下，需要根据卵的发育程度，在34℃下再孵育6～12小时，以让虫卵发育完全。

3.2.3　过程控制

虫卵抵达生产车间后，应在打开保温盒和袋子后马上测量虫卵溶液的温度。另外，虫卵溶液在热处理之前和之后以及在装箱运输前和运输后的温度信息，都要及时从测温仪上查找并记录。为了与运输前的虫卵活性进行对比，需要从每批次虫卵中取出300个虫卵作为样品，进行活性检测。

3.3 参考文献

Cáceres, C., E. Ramírez, V. Wornoayporn, S. M. Islam, and S. Ahmad. 2007a. A protocol for storage and long-distance shipment of Mediterranean fruit fly (Diptera: Tephritidae) eggs. I.Effect of temperature, embryo age and storage time on survival and quality. Florida Entomologist, 90: 103-109.

Cáceres, C., D. Mcinnis, T. Shelly, E. Jang, A. Robinson, and J. Hendrichs. 2007b. Quality management systems for fruit fly (Diptera: Tephritidae) Sterile Insect Technique. Florida Entomologist, 90: 1-9.

FAO/IAEA/USDA. 2014. Product quality control for sterile mass-reared and released tephritid fruit flies. Version 6.0. International Atomic Energy Agency. Vienna, Austria, 159 pp.

Mamán, E., and C. Cáceres. 2007. A protocol for storage and long-distance shipment of Mediterranean fruit fly (Diptera: Tephritidae) eggs. II. Assessment of the optimal temperature and substrate for male-only production. Florida Entomologist, 90: 110-114.

SAGARPA-SENASICA. 2013. Manual de procedimientos de empaque y colecta del Centro de Empaque de Mosca del Mediterráneo Estéril (CEMM) del Programa Moscamed, México, 41 pp.

4 长途（跨境）运输

流程图步骤2-b

自从发明了昆虫不育技术，不育昆虫的跨境运输就逐渐开始了。2003年的数据显示，来自25个国家50个工厂生产的不育昆虫运往了22个国家，运输量超过12 000批次，不育昆虫数量超过9 600亿只。近50年来只记录过一次与运输有关的事故。这次事故是在最近一段时期发生的，装载的是一批准备在几个不同地点释放的没有经过辐射的苍蝇幼虫。人为操作失误导致了这次事故的发生，如果当时有标准的操作流程可以参照，这次事故是可以避免的（FAO、IAEA、USDA，2014；Moscamed，2008）。这一事故说明，任何系统都有可能发生问题，也说明严格执行标准操作规程（SOPs）在减少危害风险方面的重要性。在过去的53年里，包括实蝇科果蝇害虫在内的超过5 790亿只不育虫蛹（《不育实蝇科果蝇的跨境运输史》，见附录3），没有一个批次的货物被国家或国际植物保护或监管部门拒之门外（Enkerlin和Quinlan，2004）。

如果按照本指南所写的流程操作，不育昆虫跨境运输中几乎所有的风险都可以避免（见附录4）。一些国家没有制定不育昆虫运输相关的规章制度，一些国家只是在标签和不育昆虫的处理说明上有一些相关的要求，还有一些国家仍然根据本国的生物防治措施管理不育昆虫。本指南《植物卫生措施国际标准》中的"生物防治材料及其他有益生物出口、运输、进口与释放准则（ISPM3）"由FAO于2005年编写，其有利于不育昆虫生产工厂或其他不育昆虫运输机构遵守标准操作规程，实现安全运输，从而促进国际贸易。

长途运输时，虫蛹一般经商业航线运送至目的地。虫蛹处于货仓，温度和气压处于"客舱"水平。要慎重选择运输航线，减少转运点和整体的运输时间。虽然有些项目中使用了缺氧环境下保存40小时的虫蛹，但其实缺氧超过24小时，虫蛹的质量就已经开始下降。如果在运输过程中使用的是塑料瓶，而不是袋子或盒子，缺氧对昆虫质量的影响将更加严重（图4.1和图4.2）。

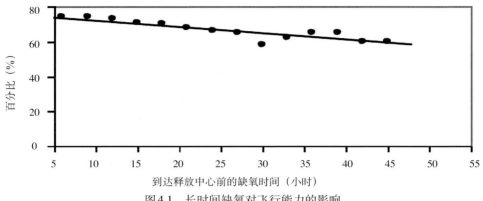

图4.1　长时间缺氧对飞行能力的影响

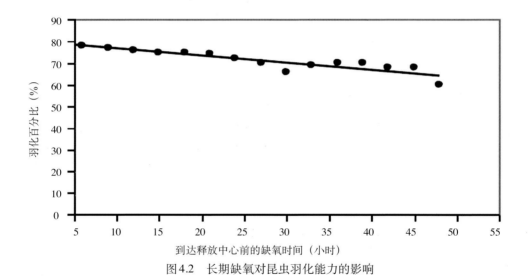

图4.2　长期缺氧对昆虫羽化能力的影响

4.1　操作规程（参见本指南第2和第3部分）

4.2　标准规程

　　本章节针对在植物害虫防治项目中使用SIT的不育昆虫的跨境运输和输入（中转国家或目的地国家）提供指导原则（见附录5），内容涵盖大规模饲养的不育昆虫的运输，包括使用传统育种和突变育种培育出的昆虫。

　　每个国家的政府植物保护部门（NPPO）都应该指定一个合适的机构来保

证不育昆虫的运输安全（过境或者入境）。NPPO 也要负责协调不育昆虫生产商和发货人在安全运输中的责任，确保运输安全，因为不育昆虫的生产商可能是私营企业，也可能是政府、半国有企业、合资企业或者跨国集团。

4.2.1　不育昆虫生产商和发货人的责任

NPPO、地方政府、研究机构或者私营组织均可以生产和承运不育昆虫，且必须做到以下几点：

- 确保不育昆虫符合国际公认的质量控制标准和操作规程（FAO、IAEA、USDA，2014；FAO，2005）。这些标准和规程由 FAO 和 IAEA 与多国政府合作制定，是建立在不育昆虫生产和释放项目多年经验的基础上的。
- 要采取所有必要的措施保证出口的不育昆虫符合进口国家的相关规定，尤其是关于标识和标注方面的内容。运输文件中一定要包含给边防工作人员和政府官员阅读的关于如何处理货物的操作规程。这样有利于避免货物损坏，一旦包装破损也可以立即采取措施。文件里也应该注明，运输物是否应该打开进行通关检查。承运公司也应做出一些安排，使装有不育虫蛹的运输箱放在货仓中可以首先被卸载的地方，以缩短货物到达后运往释放中心的时间。
- 与 FAO/IAEA 联合项目部门保持联系，以随时获悉指南和手册中任何关于操作流程的优化细节。随时与联合项目部门沟通执行操作规程时遇到的困难或者看不明白的地方。另外，不育昆虫生产者和发货人应提前通知收货人运输路线上的所有细节信息，以减少运输过程中可能耽误的时间，也有助于边防了解相关信息。

4.2.2　不育昆虫输出国的责任

不育昆虫输出国 NPPO 的责任包括：
- 证明所运输的不育昆虫在生产、绝育和包装过程中遵循了《大规模饲养不育地中海实蝇的产品质量控制和运输规程手册》（FAO、IAEA、USDA，2014）或其他由 FAO/IAEA 联合项目与国家或地方政府制定的标准操作规程。
- 证明运输的不育昆虫符合安全运输文件的要求。
- 必须办理运输不育果蝇所需要的联邦植物检疫证书。

4.2.3　不育昆虫输入国的责任（目的地国家或者中转国）

不育昆虫输入国政府部门的责任包括：

- 确保包装上合理标注了信息，并保证任何一个因运输问题而第一次接触不育昆虫的官员都可以获得包装上的信息并作出妥善处理，同时告知生产商和发货人处理结果。
- 查证运输箱没有发生破损，没有活体泄漏到运输箱内部或漏出。
- 如果运输的昆虫在本国中转或进入国内用于昆虫不育项目，除常规检疫外，还要查证昆虫的不育性。
- 如果在不育昆虫运输箱内部或外部发现有检疫问题的外来污染物种，应立刻采取植物检疫措施。
- 在条件允许的情况下，可以进行害虫风险分析，评估可能产生的额外风险，以及可以采取哪些措施防范这些风险。

4.2.4　不育昆虫进口商的责任

不育昆虫进口商可以是NPPO、地方政府、科研机构或私营组织。本指南下，进口商与跨境运输相关的主要责任是，一旦发生不育昆虫运输箱丢失或者延迟到达的情况，应及时通知不育昆虫生产商、发货人和其他相关机构，以便及时追踪货物并在找到货物后进行妥善处理。

4.2.5　运输文件

一些必要的文件必须随运输箱运输，以保证货物准时和安全抵达。发货人需要注意以下几点：

- 文件必须满足以下条件：一是要符合进口国和出口国的相关规定，尤其是与进口许可、过境转运许可、植物检疫证书、辐射证明、标识和标注说明等；二是如果货物要通过第三国转运，还应符合中转国的相关规定（中转国既不是运输始发国家，也不是目的地国家）（图4.3）。
- 文件应包含清楚明白的操作说明，使工作人员在装货、运输和卸货时可以清楚地了解如何操作，避免对箱内货物造成损坏，以及在包装箱发生破损时能够采取恰当措施。
- 文件应说明运输箱为易腐货品，因此应在转运过程中走快速通道。
- 运输箱延迟到达时，收货方应有必要的文件，以提供快速的反馈。
- 收货人可能索要关于不育昆虫质量的相关数据。
- 收货人应该索要每批货物的基本信息数据表（见附录2）。
- 文件应包含清晰的说明，以便指导工作人员一旦在转运和入境港口发现遗漏的运输箱，能够妥善销毁。

一个推荐的做法是在每个运输箱的1号盒内放置辐射证明的复印件。

图4.3 从危地马拉发出经荷兰转运至以色列的不育地中海实蝇虫蛹的转运
文件（©FAO/Moscamed 项目，墨西哥、危地马拉、美国）

4.2.6 可追溯性

建立不育昆虫运输的全程可追溯系统是非常重要的。应该按照第3部分描述的过程进行追溯。

4.2.7 不合规案例

以下情况下，进口国或中转国的NPPO会对不合规行为采取植物检疫措施：

- 不育昆虫货箱中发现了列入本国植物检疫清单中的害虫。
- 证实没有满足相关要求（包括双边协议或者约定、进口许可等），如处理和实验室检测。
- 发现未申报的商品、土壤或一些其他禁止的物品，或者证实未能进行特定的处理，将会对货物进行拦截。
- 必要文件丢失或无效。
- 禁止运输的货物或物品。
- 没有满足过境条款。

不同情况应采取不同的应对措施。应对风险时应采取最必要且影响最小的措施。文件不齐全等行政方面的错误可以通过与生产商联络解决。其他类型的不合规操作可以采取以下行动：

滞留——如果需要更详细的信息，可以执行此操作，但要尽可能地避免运输箱的损坏。

销毁——在NPPO认为运输箱没有其他处理方法时，则需要销毁。如果需要销毁，这一操作至少要在最终使用者的监督下进行。

4.2.8　紧急行动

当发现需要检疫的害虫或者可能需要检疫的害虫时，不育昆虫进口国或中转国的NPPO需要采取紧急行动。具体包括：

- 未明确采取检疫措施的货物。
- 经过检疫的货物中意外出现了没有明确检疫措施的物品。
- 进口商品的运输工具、存放场所或其他场所出现污染。
- 在NPPO认为运输箱没有其他处理方法时，则需要销毁。如果需要销毁，这一操作至少要在最终使用者的监督下进行。

4.2.9　记录

出口国、中转国和进口国的NPPO均应记录所有采取的行动、行动结果和做出的决定。具体内容包括：

- 检查、抽样、测试的记录。
- 不合规行为和紧急措施（ISPMNo.13《不合规行为报告和紧急行动指南》）（FAO，2001）。

4.2.10　联络

生产者和最终使用者应该有以下联络资源：
- 生产者、最终使用者和合适的产业代表。
- 出口国、中转国和进口国的NPPO。
- 工作时间和非工作时间的电话号码表。

4.3　参考文献

Enkerlin, W.R., and M.M. Quinlan. 2004. Development of an international standard to facilitate the transboundary shipment of sterile insects. *In* Barnes, B. N. (Ed.) Proceedings, of the 6th International Symposium on Fruit Flies of Economic Importance, Isteg Scientific Publications,Irene, South Africa, 203-212.

(FAO) Food and Agriculture Organization of the United Nations. 2001. *Guidelines for the notification of non-compliance and emergency action.* ISPM

No. 13, Rome, Italy.

(FAO). 2005. *Guidelines for the Export, Shipment, Import and Release of Biological Control Agents and Other Beneficial Organisms*. ISPM No. 3, Rome, Italy.

FAO/IAEA/USDA. 2014. Product quality control for sterile mass-reared and released tephritid fruit flies. Version 6.0 International Atomic Energy Agency. Vienna, Austria, 159 pp.

Programa Moscamed. 2008. Sistema de gestión de calidad El Pino ISO 9001:2008.Procedimientos e instructivos, planta El Pino, El Cerinal, Guatemala.

5 在释放中心的操作、羽化和保存

流程图步骤3

5.1 虫蛹的接收和拆装

流程图步骤3-a

当虫蛹到达释放中心后，首先应检查虫蛹容器（纸盒或瓶子）是否发生破损，然后再逐一打开包装进行后续检查，并指派专人检查纸盒内的塑料袋，查看指定袋子内的温度（FAO、IAEA、USDA，2014）。

无论采用何种容器运输蝇虫，辐射车间负责人必须确保纸板箱内的所有塑料袋或瓶子完成了绝育剂量的辐射。未证实完成辐射的蝇虫不得运输。这可以通过观察辐射指示物的颜色变化来确定。正常情况下，颜色从红色变成黑色说明完成了辐射。

如果辐射指示物的颜色出现问题，则不可打开虫蛹袋，并立刻告知负责人。工作人员则需要对虫蛹袋进行双层包装，将其冷冻至少48小时以便彻底杀死虫蛹。每盒（袋）虫蛹都要按照流程逐一接受检查。

工作人员在确定虫蛹已经完成恰当剂量的辐射处理后，可以将蛹袋打开，并将虫蛹倒入收集容器。为了进行后续的质量控制测试，应从每袋（盒）虫蛹里采集大约5毫升的样品。

虫蛹从盒子（袋子）里全部取出后，应移除辐射指示物；清点指示物数量，核实数量后销毁指示物，以免指示物混入未经辐射的包装袋中。如果保留了指示物，指示物过期后，有的可能从黑色变回红色，会引起不必要的关于辐射问题的担忧。

在墨西哥，虫蛹从袋子内取出放入塔式羽化系统后，纸板箱会返还给规模饲养工厂进行循环利用（SAGARPA-SENASICA，2013）。

综上所述，虫蛹抵达释放中心后，需要执行以下步骤：

- 检查随虫蛹运输的文件材料（见4.2.5部分）。
- 检查辐射指示物的颜色变化以及辐射剂量是否符合《大规模饲养不育地中海实蝇的产品质量控制和运输规程手册》（FAO、IAEA、USDA，2014）的要求。
- 保证虫蛹储藏室已经设置为合适的温度(24℃ ±1℃)。
- 核实虫蛹运输温度是否为16 ~ 20℃（见2.4部分）。
- 打开虫蛹容器，取样进行质量控制检测。
- 安全处理辐射指示物。

5.2 冷却成虫的处理流程

5.2.1 不育蝇的羽化准备

流程图步骤3-b

不论采用何种形式的容器包装虫蛹，每只将要羽化的虫蛹均需要至少0.5立方厘米的空间。目前，有3种用于冷却释放的不育蝇羽化系统，即塑料成虫饲养容器（PARC）、纱袖笼和塔式羽化箱。

根据纸袋大小不同，PARC可以放置2 ~ 6袋虫蛹，总计55 000只虫蛹。根据羽化装置的不同，应参照表5.1所示，按照规定量将虫蛹装入PARC纸袋、纱袖笼或塔式羽化箱的托盘内。在纸袋顶部两角下约2.5厘米处打钉封装（这样做既可以保证虫蛹羽化，又可以使排泄物和未羽化的虫蛹留在袋内，同时阻止已经羽化的蝇虫再次进入纸袋）。为了迫使成虫觅食，成虫饲料应放在PARC盒盒盖的观察窗上方。当一切准备就绪后，每6个PARC盒为一组叠放，并用塑料绳捆绑固定，人力运送到羽化室。

在墨西哥，PARC盒也可以用于寄生蜂的羽化，40 000只蜂蛹平均分散放在4个牛皮纸袋中。为避免寄生蜂逃离，每个PARC盒均配有盒盖。工作人员需要及时检查盒盖，以确保盒盖已经用泡沫密封。PARC盒及其盒盖应按要求进行维护和替换（图5.1）。

图5.1 不育蝇羽化和保存的PARC盒（©FAO/Moscamed项目，墨西哥、危地马拉、美国）

表5.1　PARC盒盒和塔式羽化箱可容纳的虫蛹数量

种　类	PARC盒	纱袖笼	沃力塔式系统（搁架）	墨西哥塔式系统（搁架）	危地马拉塔式系统（搁架）
地中海实蝇（C.capitata）	6　袋	20　袖笼	50～80　盘	16　盘	24　盘
	45 000　只/盒	22 500　只/纱袖	24 000　只/盘	55 000　只/盘	25 000　只/盘
	660　毫升/盒	330　毫升/纱袖	350～400　毫升/盘	480　克/盘	350～400　毫升/盘
	0.27　百万只/组	0.4～1.2　百万只/笼	1.2～1.92　百万只/塔	0.88　百万只/塔	0.6　百万只/塔
墨西哥按实蝇（A.ludens）	不详	不详	50～80　盘	16　盘	不详
	不详	不详	13 000　只/盘	25 000　只/盘	不详
	不详	不详	400～440　毫升/盘	430～445　克/盘	不详
	不详	不详	0.65～1.04　百万只/塔	0.4　百万只/塔	不详
西印度群岛果蝇（A.oblique）	不详	不详	不详	18　盘	不详
	不详	不详	不详	20 000　只/盘	不详
	不详	不详	不详	280～290　克/盘	不详
	不详	不详	不详	0.32　百万只/塔	不详
前裂长管茧蜂	4　袋	不详	不详	不详	不详
	2 500　只/袋	不详	不详	不详	不详
	10 000　只/盒	不详	不详	不详	不详
	450～500　毫升/盒	不详	不详	不详	不详

纱袖笼水平放置在金属架上，每个金属架可放置20个纱袖笼。纱袖笼的两端分别通过一个无底瓶固定在金属架上，瓶底用宽口盖子封住。虫蛹定量分装在纱袖笼两端的小盘中，纱袖笼中放置含有蔗糖和蛋白质的饲料棒。虫蛹羽化后，每天要在纱袖笼的外部喷水。羽化的成虫经过冷却后，打开纱袖笼两端的盖子，将纱袖笼呈竖直方向摇晃，即可收集成虫（图5.2）。

图5.2　用于不育蝇羽化和保存的纱袖笼（©FAO/Moscamed项目，西班牙瓦伦西亚）

目前，有3种不同的塔式羽化箱：沃力（Worley）塔式、墨西哥塔式和危地马拉塔式。使用沃力塔式羽化箱，要通过漏斗，将定量的虫蛹分装到独立的托盘架中，在托盘架上放入塔式羽化箱（图5.3）。

图5.3　用于不育蝇羽化和保存的沃力塔式羽化箱（©FAO/USDA项目，得克萨斯州）

沃力塔式羽化箱可以放置75个铝制托盘架，最初是为*A.ludens*的羽化而设计（FAO，2007），每个羽化箱可以容纳100万只虫蛹；最近沃力塔式羽化箱经过改装，也适用于地中海实蝇（*C.capitata*）的羽化。

墨西哥塔式羽化箱是为*Anastrepha*亚种设计的。该羽化箱使用了更高的铝制搁架，四面均带有观察窗口，每个羽化箱由18个搁架组成。墨西哥包装中心（CEMM）用经过改造的墨西哥塔式系统处理*A.ludens*、*A.obliqua*和*C.capitata*(V&Z)（Gutierrez等，2010）。改造的塔式系统可放16个搁架（图5.4），每个搁架的体积为81.7厘米×70.0厘米×10.3厘米，1个虫蛹容器（*C.capitata* 55 000只，*A.ludens* 25 000只，*A.obliqua* 2 000只），2个饲料托盘（*C.capitata* 40克，*A.spp* 20克），1个成虫栖息设备和1个用来保存和提供水分的"枕头"。为了使每个容器所盛放的虫蛹重量准确，虫蛹会放入漏斗，通过虫蛹分装器（图5.5）进行分装。虫蛹分装完毕后，将各部件组合，形成塔式羽化箱（图5.6）。

图5.4 用于不育蝇羽化和保存的墨西哥塔式羽化箱（©FAO/Moscamed项目，墨西哥、危地马拉、美国）

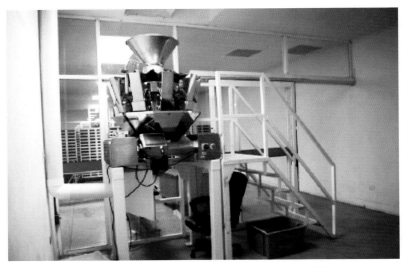

图5.5 虫蛹分装器（©FAO/Mubarqui航空服务）

图5.6 墨西哥塔式羽化箱搁架和组件（©FAO/Mubarqui航空服务）

　　危地马拉塔式羽化箱使用塑料容器容纳虫蛹（每个塑料容器可以容纳12 500只虫蛹），每层架子可以放置2个塑料容器，即每层架子可以容纳25 000只虫蛹。每个塔式羽化箱由24个搁架组成，即每个塔式系统可以容纳600 000只虫蛹。虫蛹饲料放在搁架顶部的筛网上。羽化箱由工作人员推入羽化室。危地马拉包装中心在羽化地中海实蝇（*C.capitata*）时，同时使用了PARC盒（每个PARC盒可以羽化55 000只虫蛹）和塔式羽化箱（图5.7）。

图5.7 用于不育蝇羽化和保存的危地马拉塔式羽化箱（©FAO/Moscamed项目，墨西哥、危地马拉、美国）

　　项目中使用的3种羽化系统所能孵育的虫蛹数量见表5.1。

5.2.2　饲料准备和饲喂

流程图步骤3-c

提供饲料均应满足促进雄虫性成熟、存活和寿命的营养需求。

（1）凝胶饲喂条

凝胶饲料由琼脂粉、水、蔗糖和防腐剂组成（表5.2）。正常条件下，凝胶饲料在准备好后24小时内必须使用。通常用227升的蒸汽锅制备饲料。琼脂粉和防腐剂用冷水溶解。琼脂粉和防腐剂放入水中时，温水会造成琼脂的凝结。将琼脂粉和防腐剂的混合物煮沸后，添加蔗糖，不断搅拌，直到再一次煮沸。机械搅拌可以保证饲料的均质。混合完全均匀后，关闭蒸汽锅。蔗糖必须完全溶解其中，以阻止琼脂凝胶的断裂。

凝胶饲料中所需要的琼脂粉量可以根据营养成分比例的不同进行调整。关于凝胶出现断裂或者凝胶更加坚固的问题，都可以通过减少或者增加添加到混合物中的琼脂粉总量解决。增加琼脂粉的用量可以让形成的凝胶更坚硬或密实。减少琼脂粉的用量则起到相反作用。但凝胶过于坚硬不利于蝇虫从中获取必要的水分和蔗糖。用于制备凝胶饲料的成分和比例见表5.2。

表5.2　凝胶饲喂条的制备

成　　分	比例（%）
水	83.79
蔗糖	15.40
琼脂粉	0.80
防腐剂（对羟基苯甲酸甲酯）	0.01

例如，制备10升的饲料混合物，需要8.4升水，1.5千克蔗糖，80克琼脂粉和1克防腐剂。

将配制好的混合液用分装器小心地倒入或泵入到纤维玻璃盘中［宽41厘米×长77厘米×高（5.0～5.7）厘米］。所形成的琼脂凝胶厚度大约为1.9厘米。将凝胶条放在PARC盒观察窗和塔式羽化箱搁架顶部。如果凝胶条太厚，则会受到挤压；如果太薄，则会快速变干，成虫无法从中摄取到养分。用不锈钢刀片切割凝胶，一次切割一盘，平均切成10块用于PARC系统，20块用于塔式羽化箱搁架。

摆放好凝胶饲喂条的PARC盒，即可堆放组合。这样不但方便移动，而且可以阻止过多的蝇虫逃离。对于塔式系统，搁架装载虫蛹和放置凝胶饲喂条后，可堆放在手推车上。每个塔式系统的最上层需要放置一个空搁架，以阻止羽化后的蝇虫通过塔式系统上方的通风扇逃离。PARC盒和塔式羽化箱需要转运至羽化室，并根据虫蛹品种不同保存4～7天。在塔式系统上方运行的风扇从羽化箱的底部抽风，因此在最底层和最顶层放置的凝胶饲喂条的水分会迅速蒸发。为了解决这一问题，最上面3～4个托盘和最下面3～4个托盘的饲料量需要加倍。

（2）糊状或干粉饲料

对于按实蝇属（*Anastrepha*）的品种（*A.ludens*、*A.oblique*）以及*C.capitata*，目前正在使用一个叫做"Mubarqui"的不同类型的饲料，这种饲料由天然蛋白质、脂类、碳水化合物、抗氧化剂和油脂组成。其成分为苋籽、糖（glasé sugar）、花生和鸡蛋。制备好的饲料呈细粉末状，根据彩通标准色卡，颜色呈透明的棕色雪花石膏色。该饲料适用于PARC盒和墨西哥塔式羽化箱搁架。1千克"Mubarqui"饲料和240毫升水混合后放入饲喂工具，*C.capitata*饲喂40克，*A.spp*饲喂20克（图5.8）。水在羽化系统中的提供方式也是不同的，即通过具有吸水性的、不会发生滴漏的、称为"枕头"的特殊纤维器具为果蝇提供水（SAGARPA-SENASICA，2013）。寄生蜂的饲料——蜂蜜，可以涂抹在PARC盒或墨西哥塔式羽化箱的观察窗上进行饲喂。

图5.8　"Mubarqui"固体粉末饲料（©FAO/Mubarqui航空服务）

成虫饲料"Mubarqui"的制备过程（Leal Mubarqui，2005）：

- 首先将花生去壳去皮进行烘烤，然后将其碾压成颗粒状的粉末。
- 将花生粉末加入苋籽中，搅拌15分钟。
- 将搅拌好的鸡蛋液缓慢加入上述混合物，再搅拌20分钟。
- 静止15分钟后，将混合物放入托盘中，220℃加热20分钟。
- 最后，将混合物磨碎以获得细粉状饲料。

5.2.3　羽化和保存

不育蝇羽化场所应根据生物量要求进行设计，即虫蛹接收、包装、羽化和田间释放的数量。

27

羽化室的设计应符合以下参数：

- 温度在21 ～ 23℃。
- 湿度小于70%。
- 避光。

至少每4小时用温度计和湿度计监测调节羽化室的温度和湿度。

成虫的发育保存条件取决于其品系。例如，地中海实蝇双性品系通常保存在黑暗环境中，以减少PARC盒中早熟蝇虫的交配概率。而对于只有雄虫的 *tsl* 品系则没有必要采取这一措施，即使有雌虫存在，其数量也是极少的。

不同品系的蝇虫在羽化室的保存时间也不同（地中海实蝇最少5天，墨西哥按实蝇5 ～ 8天，西印度群岛果蝇5 ～ 7天）（表5.3）（SAGARPA，1999；Tirado和Gomez-Escobar，2005）。

不育蝇羽化后的保存时间非常关键。当不育蝇接近性成熟时被释放是最为理想的。这样不育蝇雄虫在释放后可以马上开始交配，在使用上是最优的。而对于某些蝇虫种类，如昆士兰实蝇达到性成熟可能需要大约7天的时间，但如此长的保存时间是不推荐的（Meats等，2003）。不育蝇在释放前保存的天数，需要权衡考虑保存在容器中的死亡率、释放到野外的死亡率，以及双性蝇虫在容器中的交配率。

芳香疗法：在释放前一天，可以给不育蝇的成虫喷洒姜根油（西班牙和危地马拉）或者橘皮油（墨西哥）以刺激雄虫的性活跃程度（Shelly等，2004；Teal等，2000）（化学信息素的施用流程见第5.4.2节）。对于繁殖周期较长的品种，需要考虑激素的使用，如保幼激素（见第5.4.3节）。不育蝇释放到野外后的预期寿命非常短，原因包括被捕食、不易获取食物和其他非生物因素，还有一个原因是大规模饲养不育蝇的条件常常导致不经意地选择了寿命较短的果蝇个体(Cayol，2000; Hendrichs等，1993; Vreysen，2005)。

表5.3　PARC盒、纱袖笼和塔式羽化箱中不育成虫保存的环境条件和时间要求

因　　素	PARC盒		纱袖笼	塔式羽化箱		
	C. capitata	*D. longicaudata*	*C. capitata*	*A.obliqua*	*C. capitata*	*A.ludens*
成虫保存时间（天）	5	8	5	7	5	8
温度范围（℃）	21 ～ 23	24 ～ 26	21 ～ 23	22 ～ 24	22 ～ 24	22 ～ 24
湿度范围（%）	60 ～ 70	60 ～ 70	60 ～ 70	60 ～ 70	60 ～ 70	60 ～ 70

5.3 成虫纸袋包装的流程

流程图步骤3-b

5.3.1 装袋流程

虫蛹到达释放中心，需要打开运输虫蛹的容器（塑料托盘、塑料瓶、塑料袋）使虫蛹脱离缺氧状态。虫蛹随即装入塑料容器并运输到羽化（保存）室。虫蛹羽化所需的纸袋在羽化室要提前准备好（见第5.3.2节）。

纸袋通常使用重量为50克/平方米的牛皮纸材料，纸袋底部有一个双层封口。还可以做一些特别的设计，例如，多个虫蛹容纳空间，利于成虫栖息的空间结构（带有褶皱的纸），增大纸袋的体积，使羽化后的成虫可以伸展翅膀。

虫蛹是根据纸袋的体积规格进行测量分装的，而每个纸袋所能装入的虫蛹的数量是一定的。相同体积下，虫蛹的数量会因每个虫蛹大小的不同而不同，因此必须确认每个袋子内所装虫蛹数量的准确性（FAO、IAEA、USDA，2014）。

确定每个纸袋所装的虫蛹数量时，应考虑如下几点：

- 纸袋的容量。
- 历史上关于羽化和飞行能力的质量控制数据。
- 对于性别遗传品系，应考虑雌虫的百分比。

例如，在阿根廷，每个纸袋的地中海实蝇的最大容积是100立方厘米（每袋约6 000只虫蛹）。纸袋高50厘米，宽26厘米。纸袋中放置一些纸来增加纸袋表面积，为成虫提供更多栖息处。纸袋总的表面积是2 600平方厘米，相当于平均每平方厘米约2.3只虫蛹、1.5只成虫。在智利，纸袋的地中海实蝇的最大容积是65立方厘米（每袋4 000只虫蛹）。纸袋总的表面积是4 085平方厘米，每平方厘米1只虫蛹，约0.8只成虫。

纸袋可以手工制作，也可以机器加工。机器加工适用于大批量制作。纸袋的制作流程如下（Castellanos，1997；Reyes等，1986；SAGARPA，1999；SAG，1984；Tirado和Gomez-Escobar，2005）：

- 如果虫蛹是人工分装，纸袋要放在地板上或桌面上；如果虫蛹是机器分装，纸袋要放在传送带上，每个袋子之间的距离是20厘米。
- 使用量杯将虫蛹装入纸袋。
- 纸袋可以稍加改造，如多个虫蛹容纳空间，添加纸张或者结构，为袋内的成虫提供更多的栖息空间。
- 在纸袋中放入饲料垫。

- 虫蛹放入纸袋后，为避免羽化后的成虫逃离，应将袋口折叠，并手动或用机器将袋口钉钉，注意不要破坏虫蛹。

5.3.2　羽化的准备

在将纸袋放入羽化室之前，羽化室要满足以下条件（适用于地中海实蝇和墨西哥按实蝇）：

- 羽化和保存室的温度范围为20 ～ 24℃（±2℃）。
- 最小相对湿度为65%，最大不能超过85%。
- 羽化和保存室必须保持黑暗，让实蝇得到充分的休息，减少能量的消耗。

为了羽化和释放的成功进行，纸袋需要进行如下处理：

- 在不育蝇释放前，纸袋应保存在羽化室。对于地中海实蝇和昆士兰果蝇，纸袋应脱离水源3天以上。Meats等（2003）的研究发现，昆士兰实蝇保存7天后，会导致低诱捕率。对于按实蝇属的品种（*A.ludens*、*A.oblique*），由于它们性成熟周期更长，则需要在纸袋内保存5天。
- 将纸袋置于架子或者其他物体上，避免与地面直接接触。
- 在袋子上标注日期和其他信息，以区分每个袋子的不同特征。建议在袋子上标注特别图标和给公众阅读的信息。
- 虫蛹单独放置，用于评估虫蛹羽化或者性成熟水平。
- 一旦达到需要的成熟水平，纸袋即可运输进行空中或者地面释放。
- 虫蛹羽化后要尽快进行质量控制测试，包括飞行能力和胁迫条件下的寿命。

需要和释放不育蝇的工作人员进行协调，以确保当环境条件满足释放要求时，待释放的不育蝇可以抵达释放地点。

5.3.3　饲料准备和纸袋内的饲喂

流程图步骤3-c

成虫饲喂对其释放后的存活率和竞争力至关重要。释放后，不育蝇必须找到食物来源或者宿主，以补充它们体内保存的有限能量（Jacome等，1995）。在没有食物的情况下，不育蝇的预期寿命由最初保存在体内的能量决定（Hendrichs等，1993b；Hendrichs等，1993c；Hendrichs等，1993d；Jacome等，1999）。通常情况下，水、糖（能量供给）和蛋白质（促进雄虫和雌虫的性成熟）是食物的组成成分。含水分的饲料优于干粉类的饲料，原因是干粉类饲料可能会导致成虫体内脱水而减少成虫生存的机会。另外，干粉类饲料也缺少芳香气味，对蝇虫的吸引力弱，导致其可能没有识别出饲料而离开饲料所在区域。

水可以由Wettex（厚实的清洁布或者其他类似物品）或者琼脂凝胶提供。游离的水分常常导致蝇虫溺亡，因此不鼓励使用。在阿根廷，不育蝇释放前一天，要在纸袋上喷洒少许水（释放是在虫蛹装入纸袋后第5天进行）。55克厚的纸袋可以保证其不会在喷水后破裂。糖的提供形式可以是晶体或者块状，但是结晶冰糖可能导致脱水，不是非常理想。在智利，工作人员将2克小麦粉添加到1千克蔗糖和水的混合物中，以提供额外的碳水化合物。蛋白质可以是自溶、水解蛋白质或者酵母，其他的蛋白质形式很少使用。自溶性蛋白质没有水解蛋白质对蝇虫有吸引力，但是低pH的混合物也可能改变其对蝇虫的吸引力（见第5.4.1节添加营养素）。

根据目前所使用的饲料配方组成，可以用开水壶或者平底锅制备饲料。干粉饲料和凝胶饲料均被广泛使用。

使用干粉饲料时，用一张"食物"纸垫（浸渍了成虫饲料的纸）在浓糖水中浸泡，或者在其表面刷上浓糖水，将其晾干后放入纸袋，成虫以纸垫上析出的糖为食。这样做的同时也增加了成虫在纸袋中栖息和伸展翅膀的空间（图5.9）

图5.9 制作食物纸垫（©FAO/PROCEM，阿根廷）

注：食物纸垫浸入糖和琼脂溶液，晾干后放入纸袋。还可以使用糖和水，或者将液体刷在食物垫上。也可以使用其他方法为成虫提供水、糖和蛋白质。

如果只是需要为成虫提供食物，而不要提供更多的休息空间，食物纸垫可以更小一些。例如，盛放2 500只地中海实蝇的纸袋中可以放置10厘米×10厘米的纸垫。

制备食物纸垫需要的材料包括：

- 牛皮纸（不要塑化型的）。
- 涂料刷（宽10厘米）。
- 开水壶、平底锅。
- 加热器。
- 安全设备。
- 凝胶（琼脂）、水、蔗糖、苯甲酸钠。

只用水和糖的简单饲料可以按照如下步骤制备：

- 在容量为15升的开水壶里放入20千克的糖和10升的水，即2份糖和1份水，煮沸并持续搅拌几分钟。
- 用刷子将液体饲料涂抹在长2米、宽40厘米的纸上，这样可以制备80张10厘米×10厘米的食物垫。
- 食物垫放入纸袋前要晾干。

基于水、糖和琼脂的饲料制备步骤如下：

凝胶饲料可以为蝇虫提供水分，也可以提供蛋白质和能量（见第5.2.4节）。常用配方如下：水（85%）、糖（13.4%）、琼脂粉（1.6%）。

配制50升的饲料需要42.5升水、6.7千克蔗糖和0.8千克琼脂粉。

冷水中加入琼脂粉，待完全溶解后再加入糖。加热时搅拌，直至煮沸，保持沸腾1分钟，关闭加热器。糖必须完全溶解，混合物应呈透明状态。静止冷却后，将纸面积的3/4浸入混合物，取出晾干。然后将纸垫竖直地放入纸袋内。

纸袋用钉子或者胶带封口，食物垫也同时固定在纸袋封口处。食物垫在使用前24小时制备，避免表面过黏（Castellanos，1997；Reyes等，1986；SAGARPA，1999；SAG，1994；Tirado和Gomez-Esobar，2005）。

5.4　提升不育蝇释放后的行为能力

最近的研究表明，可以在生产后期，即在羽化和释放中心阶段，采取一些干预措施，以提高不育蝇在野外释放后的交配成功率。主要有以下3种方法。

5.4.1　添加营养素

*Tephritid*雄性和雌性实蝇均需在吸血后才能繁殖后代。羽化后的成虫性腺

尚未发育成熟，需要在成虫阶段通过进食摄入的蛋白质来促进其性腺和附属腺的发育（Drew 和 Yuval，2000）。除蛋白质外，还需要碳水化合物为体内代谢提供能量。

近期针对 *Tephritid* 属（*Anastrepha*、*Bactrocera*、*Rhagoletis*、*Ceratitis*）几种实蝇的研究发现，雄蝇在羽化后几天内摄入蛋白质，可以增强繁殖的成功率。也针对雄性不育地中海实蝇（*C.capitata*）开展了类似的研究，研究证明在释放中心的不育雄蝇的饲料中添加蛋白质是有效的（Kaspi 和 Yuval，2000），只是饲料配方中蛋白质的最优剂量和蛋白质的形式还需要进行深入研究（Papadopoulos 等，1998；Shelly 和 Kennelly，2002）。此外，近期研究表明，在 *Tephritid* 实蝇的肠道内，存在几种对其健康起关键作用的细菌（Drew 和 Yuval，2000；Lauzon 等，2000）。

目前，很多品种的不育雄蝇在释放前都会以含有高浓度蔗糖的凝胶块为饲料（Teal 等，2005）。FAO/IAEA 联合项目正在研究不育蝇释放前的饲料最优配方并进行测试，该配方包含糖、蛋白质和细菌（以及其他成分），可以增强雄蝇释放后在田间的行为能力。

但也有一些迹象表明，羽化后立即给成虫饲喂蛋白质虽然可以增强雄蝇的性竞争力，但却可能缩短雄蝇的寿命（Kaspi 和 Yuval，2000；Levy 等，2005）。此外，糖和蛋白质的比例也会对成虫产生影响，目前仍没有任何指南可以作为参考（Blay 和 Yuval，1997；Shelly 和 Kennelly，2002；Shelly 和 McInnis，2003）。管理者需要考虑到这一点对不同种类果蝇的影响，然后在项目中采用最恰当的饲喂方法。在墨西哥，*C.capitata* 从含有苋籽、花生、鸡蛋（10%）和糖（90%）的"Mubarqui"饲料中获得天然蛋白质（SAGARPA-SENASICA，2013）。

5.4.2　添加化学信息素

最近几年的时间证明，暴露于某些精油，尤其是姜根精油（GRO）和橘皮油，可以大幅提高雄性果蝇的交配成功率（Barry 等，2003；Katsoyanos 等，2004；Katsoyanos 等，1997；McInnis 等，2002；Papadopoulus 等，2001；Shelly，2001a；Shelly 和 McInnis，2001；Shelly，2002，2003）。使用姜根精油（GRO）是一种简单且价格低廉的方法，可以极大地增强大规模饲养雄蝇的交配频率。这个技术目前在佛罗里达州萨拉索塔市的包装工厂和位于洛杉矶洛斯阿拉米托斯的加利福尼亚食品和农业局与美国农业部的地中海实蝇包装工厂中使用。对于塔式羽化箱，使用这种技术的最有效方法是在不育蝇释放前24小时，在沃力塔式羽化箱下方放置一个小的玻璃容器（精油会侵蚀塑料容器），容器内滴入1毫升姜根精油并放入棉花芯（Shelly等，2004）。在西班牙巴伦西亚和危地马拉雷塔卢莱乌的包装工厂，则是在释放前24小时，将浸泡过姜根精油的棉花芯放置在不育蝇保存室，通过吹风扇6小时促进精油挥发。姜根精油的使用量根据房间大小而不同（每立方米0.5毫升）。姜根精油可以渗透进入纱袖笼。墨西哥在不育蝇释放前24小时将橘皮精油装入带有棉花芯的玻璃瓶，每立方米需要0.27毫升，每个房间需要230毫升（SAGARPA-SENASICA，2013）。

摄入甲基丁香酚（ME）的东方果蝇（*Bactrocera dorsalis*），雄蝇交配的竞争力可增强至少3倍（Shelly，2001b；Tan，2000）。可以设想，在果蝇释放前，给不育果蝇饲喂ME，可以至少使不育果蝇与野生果蝇具有同等的交配竞争力，因此有可能借此减少释放果蝇的数量和频率。饲喂了ME的不育雄蝇对ME雄性诱捕器的反应敏感度大幅降低，因此可以同时应用SIT和雄性灭绝方法。

目前也已证明，人工或天然的ME同样可以增强东方果蝇（*Bactrocera dorsalis*）雄蝇的竞争力。但这一技术还不能常规地应用于大规模的生产实践。

5.4.3 添加激素

对于多数果蝇来说，虫龄是影响性信号和繁殖的重要因素。例如，*Anastrepha*属的果蝇需要2～3周才能达到性成熟。尽管大规模饲养选择了比野生蝇性成熟时间更早的品系，性成熟最快的*A.suspensa*和*A.ludens*品系仍然需要至少7天的时间才能性成熟。从羽化到性成熟之间的时间延迟为SIT提出了一个重要的课题，因为雄虫在释放前必须保存更长的时间，或者必须在性成熟前释放，这些都减少了存活到性成熟和进行交配的雄虫数量。

很明显，采用经济有效的方法会加快释放雄蝇的性成熟速度，将对SIT项目的实施效力产生重要影响。目前已经研究了保幼激素（JH）对一些果蝇品种，如墨西哥按实蝇和地中海实蝇繁殖行为的影响（Teal等，2000）。保幼激素模拟物，包括双氧威和烯虫酯，可以将雄蝇发情和交配的时间提前4天。不育蝇发情期提前，可以让不育雄蝇一释放即可开始交配。雌蝇与经JH处理过的雄蝇交配，产下的卵在质量和数量上都与跟没有处理过的雄蝇交配相同（Teal和Gomez-Simuta，2002；Gomez-Simuta和Teal，待发表文章）。目前已经证明，在成虫饲料中添加0.05%烯虫酯（活性物质）的作用是最理想的。烯虫酯价格低廉，具备水溶性，这就证实了给羽化后的成虫添加激素，是一种提高SIT效力且经济有效的方法。目前已经对上述3种方法在大规模应用项目中的使用效果进行了评估。保幼激素的使用技术在不育蝇释放前保存阶段的应用也已有报道（Gomez-Simuta，2013）。

5.5 参考文献

Barry, J.D., T.E. Shelly, D.O. McInnis, and J. G. Morse. 2003. Potential for reducing overflooding ratios of sterile Mediterranean fruit flies (Diptera: Tephritidae) with the use of ginger root oil. Florida Entomologist, 86: 29-33.

Blay, S., and Yuval, B. 1997. Nutritional correlates to reproductive success of male Mediterranean fruit flies. *Animal Behaviour,* 54:59-66.

Castellanos, D. 1997. Aplicación del combate autocida contra mosca del Mediterráneo (*Ceratitiscapitata* Wied.). *En* Memorias del Curso Regional Sobre Moscas de la Fruta y su Control enÁreas Grandes con Énfasis en la Técnica del Insecto Estéril. Programa Mosca de Mediterráneo-SAGAR y Organismo Internacional de Energía Atómica. Metapa de Dominguez, Chiapas,México, 425-450 pp.

Cayol, J. P. 2000. Changes in sexual behaviour and life history traits of tephritid species caused bymass rearing processes. *In* M. Aluja and A.L. Norbom (eds.), Fruit flies(Tephritidae): phylogeny and evolution of behaviour. CRC Press, Boca Raton, FL, USA.

Drew, R. A. I. and B. Yuval. 2000. The evolution of fruit fly feeding behaviour. *In* Fruit Flies. M.Aluja and A. Norbom. Boca Raton, CRC: 731-749.

FAO/IAEA/USDA. 2014. Product quality control for sterile mass-reared and released tephritid fruitflies. Version 6.0 International Atomic Energy Agency. Vienna, Austria, 159 pp.

Gomez-Simuta, Y. and P. Teal. Incorporating juvenile hormones therapy in the fruit fly massrearing process to accelerate reproductive development of mass rearing insect toenhancing SITeffectiveness.

Gomez Y, Teal PEA. 2010. Hormonas juveniles y su aplicación en la Técnica del Insecto Estéril.In Moscas de la fruta: Fundamentos y procedimientos para su manejo. Montoya P, Toledo J,Hernández E, (eds). S y G, México, D.F, 357–368.

Gutiérrez, J. M., Villaseñor A., Zavala, J. L., De los Santos, M., Leal R., Alvarado R. 2010.New technology on sterile insect technique for fruit flies eclosion and release in Mexico. 8th International Symposium on Fruit Flies of Economic Importance. Valencia, 99.

Hendrichs, J., V. Wornoayporn, B. I. Katsoyanos, and K. Gaggl. 1993. First field assessment of the dispersal and survival of mass reared sterile Mediterranean fruit fly of an embryonal temperature sensitive genetic sexing strain. *In* Proceedings: Management of insectpest: Nuclear and related molecular and genetic techniques. FAO/IAEA International Symposium, 19-23 October 1992, Vienna, Austria. STI/PUB/909. IAEA, Vienna, Austria.

Jacome, I., M. Aluja, and P. Liedo. 1999. Impact of adult diet on demographic and population parameters of the tropical fruit fly *Anastrepha serpentina* (Diptera: Tephritidae). Bulletin of Entomological Research, 89: 165-175.

Jacome, I., M. Aluja, P. Liedo, and D. Nestel. 1995. The influence of adult diet and age on lipidreserves in the tropical fruit fly *Anastrepha serpentina* (Diptera: Tephritidae). Journal of Insect Physiology, 41: 1079-1086.

Kaspi, R., and Yuval, B. 2000. Post-teneral protein feeding improves sexual competitiveness but reduced longevity of mass-reared male Mediterranean fruit flies (Diptera: Tephritidae). Annals of the Entomological Society of America, 93: 949-955.

Katsoyanos B. I., N.T. Papadopoulos, N. A. Kouloussis, and J. Hendrichs. 2004. Effect of citrus peel substances on male Mediterranean fruit fly behaviour. *In* Proceeding of 6th International Fruit Fly Symposium 6-10 May 2002, Stellenbosch, South Africa Book.

Katsoyanos B. I., N. A. Kouloussis, and N.T. Papadopoulos. 1997. Response of *Ceratitis capitata* to citrus chemicals under semi-natural conditions. Entomologia Experimentalis et Applicata, 82: 181-188.

Leal Mubarqui, R. 2005. Manual de operación del método "MUBARQUI". Servicios Aéreos Biológicos y Forestales Mubarqui.1aedición. México.

Levy, K., T. E. Shelly, and B. Yuval. 2005. Effects of the olfactory environment and nutrition on the ability of male Mediterranean fruit flies to endure starvation. Journal of Economic Entomology, 98: 61-65.

Lauzon, C.R., R.E. Sjogren, and R. J. Prokopy. 2000. Enzymatic capabilities of bacteria associated with apple maggot flies: A postulated role in attraction. Journal of Chemical Ecology, 26: 953-967.

Meats, A. W., R. Duthie, A. D. Clift, and B. C. Dominiak. 2003. Trials on variants of the Sterile Insect Technique (SIT) for suppression of populations of the Queensland fruit fly in small towns neighbouring a quarantine (exclusion) zone. Australian Journal of Experimental Agriculture, 43:389-395.

McInnis, D.O., T.E. Shelly, and J. Komatsu. 2002. Improving male mating competitiveness and survival in the field for medfly, *Ceratitis capitata* (Diptera:

Tephritidae) SIT programs. Genetica, 116: 117-124.34

Papadopoulus N.T., B.I. Katsoyanos, N.A. Kouloussis, A. P. Economopoulos, and J. R. Carey. 1998. Effect of adult age, food and time of day on sexual calling incidence of wild and massreared *Ceratitis capitata* males. Entomologia Experimentalis et Applicata, 89: 175-182.

Papadopoulus N.T., B.I. Katsoyanos, N.A. Kouloussis, and J. Hendrichs. 2001. Effect of orangepeel substances on mating competitiveness of male *Ceratitis capitata*. Entomologia Experimentalis et Applicata, 99: 253-261.

Programa Regional Moscamed Guatemala-México-Estados Unidos. 2002. Manual de control autocida de la mosca del Mediterráneo estéril por el sistema de adulto frio. Guatemala,Centroamérica.

Reyes J., A. Villaseñor, G. Ortiz, and P. Liedo. 1986. Manual de las operaciones de campo enuna campaña de erradicación de la mosca del Mediterráneo en regiones tropicales y subtropicales, utilizando la técnica del insecto estéril. Moscamed Programme SAGARPAUSDA.Mexico.

(SAGARPA) Secretaria de Agricultura, Ganadería, Desarrollo Rural, Pesca y Alimentación. 1999. Norma Oficial Mexicana NOM-023-FITO-1995. Apéndice técnico para las operaciones decampo de la campaña nacional contra moscas de la fruta. February 1999, Government of Mexico.

SAGARPA-SENASICA. 2013. Manual de procedimientos de empaque y colecta del centro de empaque de moscas del Mediterráneo estériles del Programa Moscamed, México, 41 pp.

(SAG) Servicio Agrícola y Ganadero. 1984. Manual práctico de dispersión de moscas estériles del Mediterráneo TIE. SAG Proyecto 335 Moscas de da Fruta, I Región. Editado por: Rafael MataPereira Programa Moscamed, Guatemala y Jaime Godoy M., SAG, Chile. Arica, Chile.

Shelly, T. E. 2001a. Exposure to α-copaene and α-copaene-containing oils enhances mating success of male Mediterranean fruit flies (Diptera: Tephritidae). Ann. Entomol. Soc. Am, 94:497-502.

Shelly, T. E. 2001b. Feeding on methyl eugenol and *Fagraea berteriana* flowers increases longrange female attraction by males of the Oriental fruit fly (Diptera: Tephritidae). Florida Entomologist, 84: 634-640.

Shelly, T. E., and D. O. McInnis. 2001. Exposure to ginger root oil enhances mating success of irradiated, mass-reared males of Mediterranean fruit fly (Diptera:

Tephritidae). J. Econ. Entomol, 94: 1413-1418.

Shelly, T. E., and S. S. Kennelly. 2002. Starvation and the mating success of wild Mediterranean fruit flies (Diptera: Tephritidae). Journal of Insect Behaviour, 16 (2): 171-179.

Shelly, T. E., A. S. Robinson, C. Caceres, V. Wornoayporn, and A. Islam. 2002. Exposure toginger root oil enhances mating success of male Mediterranean fruit flies (Diptera: Tephritidae)from a genetic sexing strain. Florida. Entomologist, 85: 440-450.

Shelly, T. E., P. Rendon, E. Hernandez, S. Salgado, D. O. McInnis, E. Villalobos, and P. Liedo.2003. Effects of diet, ginger root oil, and elevation on the mating competitiveness of male Mediterranean fruit flies (Diptera: Tephritidae) from a mass-reared, genetic sexing strain in Guatemala. J. Econ. Entomol, 96: 1132-1141.

Shelly, T. E., and D.O. McInnis. 2003. Influence of adult diet on the mating success and survival of male Mediterranean fruit flies (Diptera: Tephritidae) from two mass-rearing strains on fieldcaged host trees. Florida Entomologist, 86 (3): 340-344.

Shelly, T.E., D.O. McInnis, E. Pahio, and J. Edu. 2004. Aromatherapy in the Mediterranean fruit fly (Diptera: Tephritidae): sterile males exposed to ginger root oil in pre-release storage boxes display increased mating competitiveness in field-cage trials. J. Econ. Entomol, 97: 846-853.

Tan, K.H. 2000. Behaviour and chemical ecology of *Bactrocera* flies. *In* K. H. Tan(ed.), Area-Wide Control of Fruit Flies and Other Insect Pests. Universiti Sains Malaysia Press,Penang, Malaysia.

Teal P. E. A., Y. Gomez-Simuta, and A. T. Proveaux. 2000. Mating experience and juvenile hormone enhance sexual signalling and mating in male Caribbean fruit flies. Proceedings of the National Academy of Sciences of the United States of America, 97: 3708-3712.

Teal P. E. A., and Y. Gomez-Simuta. 2002. Juvenile hormone: Action in regulation of sexual maturity in Caribbean fruit flies and potential use in improving efficacy of sterile insect control technique for tephritid fruit flies. *In* Witzgakll, P., Mazomenos, B. and Katsoyanos(Ed.), Pheromone and other Biological Techniques for insect control in orchards and vineyards.International Organization of Biological Control/West Palaearctic Region Section. (IOBCWPRS) Bulletin.

Teal P. E. A., J. M. Gavilanez-Sloan and B. D. Dueben. 2004. Effects of sucrose in adult diet on mortality of males of the Caribbean fruit fly, *Anastrepha* *suspensa* (Loew). Florida Entomologist, 87 (4).

Tirado, P. L., and E. Gomez-Escobar. 2005. Prácticas de empaque y liberación de moscas y parasitoides (Anexo 3, 3 p), *En* Memorias del XVI Curso Internacional Sobre Moscas de la Fruta. Programa Mosca de Mediterráneo DGSV-SENASICA-SAGARPA. Metapa de Domínguez, Chiapas, México.

Y. Gomez, P. E. A. Teal and R. Pereira. 2013. Enhancing efficacy of Mexican fruit fly SIT programmes by large-scale incorporation of methoprene into pre-release diet. J. Appl. Entomol, 137 (Suppl. 1) 252–259.

6 成蝇释放的准备

流程图步骤4

用纸袋释放的不育蝇在释放前不需要冷却。在冷却释放操作中，不育蝇需要在预冷的羽化室中冷却，具体见下文所述。总体来说，冷却处理后的释放会更加有效，释放的不育蝇更为健康。这表现为不育蝇释放后在野外的分布更为均衡，重捕率更高。该方法也解决了采用纸袋释放带来的大量纸质垃圾堆积的问题。操作方便的释放方法不一定能够保证雄蝇行为表现是最好的。因此，需要评估不同释放方法对蝇虫的影响。有迹象表明，对于一些种类的果蝇，成蝇在经过冷却处理后，对其品质或数量产生了不利影响。因此，有必要研究冷却操作对不育雄蝇行为表现的影响（IAEA，2004）。

6.1 PARC盒中成蝇的冷却

步骤如下：

- 通过检查羽化网格（每个独立网格可容纳100只虫蛹）确定成虫是否已经达到了可以释放的时间，并与预期的羽化率进行比较。
- 将一天释放量所需的PARC盒从羽化室转移至冷藏室，通过低温暴露的方法使不育蝇失去行动力。飞行暴露前的冷藏室温度需保持在−3 ~ 0℃。不育蝇刚进入冷藏室时，根据成虫数量，室内温度需要在2 ~ 5℃保持30 ~ 60分钟。
- 空中释放箱也需要同时放入同一间冷藏室冷却。
- 确认成虫已经失去行为能力（肉眼观测成虫处于静止状态），则移除封条，丢弃饲料。
- 将PARC盒放在桌面上敲打，振动掉所有附着在容器内侧表面的成虫；取下盖子，摇晃PARC盒内的纸袋，振动掉所有附着在纸袋内部的成虫，丢弃纸袋。

- 将成虫倒入收集漏斗中，并通过该装置将成虫转移至释放箱。

6.2 纱袖笼中成蝇的冷却

步骤如下：
- 在空中释放前一天，根据预计航运能力和网格中不育蝇的羽化率，确定需要转移到冷藏室中的袖笼数量。
- 释放前一天将所需数量的纱袖笼转移至冷藏室。同时也是在释放前一天，在同一间冷藏室24℃条件下对成虫进行姜根精油处理。
- 在冷却成蝇收集前4个小时，室内温度需要逐渐平缓降至4℃。
- 确认成虫失去行为能力后，移除盖子，将盛有虫蛹壳的盘子及饲料棒移出，饲料棒可重复使用5～6次。
- 将纱袖笼直立放置并摇晃，收集成虫至释放箱中。

6.3 Worley 塔式羽化箱中成蝇的冷却

步骤如下：
- Worley 塔式羽化箱在拆除通风扇后，移入冷藏室。
- 在每个羽化箱顶部放置大功率风扇，促进塔内的空气流通。
- 2～5℃下放置10～30分钟后，蝇虫即处于静止状态（肉眼观测顶部托盘中成虫状态），在成虫处于静止状态时关闭并移走风扇。
- 将羽化箱置于真空装置下，由上至下逐层进行操作。步骤是：移除并丢弃饲料;沿着塔架的边缘，用真空装置吸走蛹壳，将每层架子都放在收集料斗上的十字横架上轻轻敲打（注意敲打时架子应是水平的）。
- 将成虫倒入收集料斗，并通过该装置将成虫转移至释放箱。

6.4 墨西哥塔式羽化箱中成蝇的冷却

步骤如下：
- 将墨西哥塔式羽化箱从羽化室转移至预冷的冷藏室，冷却45±15分钟，温度和湿度分别为2～5℃和50%～70%。
- 成虫呈静止状态时即可开始收集，首先将搁架摆放在收集台上，移除架内食物、水、虫蛹容器和栖息设备。
- 随后将搁架内的蝇虫倾倒在收集台上，再收集至台下的PARC盒中。

- 将蝇虫称重并装入释放箱中，每次空运3个释放箱，通过冷藏车（温度为10 ～ 14℃）运输至机场（SAGARPA-SENASICA，2013）。

6.5　危地马拉羽化箱中成蝇的冷却

步骤如下：
- 虫蛹羽化和成虫达到性成熟需5天时间。
- 为控制活动性高的成虫，需要将其在2 ～ 5℃的温度环境下冷却。
- 在2 ～ 5℃下冷却30 ～ 60分钟后（取决于需要冷却成虫的量），蝇虫失去知觉，完全丧失活动能力。
- 将失去活动能力的蝇虫从羽化箱转移至收集盒中。
- 测定每个收集盒的重量，以便将所需重量的成虫转移至释放箱中。

6.6　用于空中释放的冷却成蝇的释放箱的装载和运输

步骤如下：
- 装载前必须检查释放箱，确保底部的滑块已到位。
- 每批次蝇虫在释放前，采集3 ～ 5克作为样品，进行质量控制测试，同时用于测定单只蝇虫重量。
- 每个释放箱的蝇虫数量是通过总蝇虫重量除以单只蝇虫重量进行计算的。
- 装载不育蝇虫释放箱时需要小心谨慎，防止蝇虫压实。压实除了会对蝇虫造成损害外，还会导致蝇虫在释放时呈团状而非流线，从而影响不育蝇分布的均衡性，同时也会影响释放设备的正常工作。通过降低湿度，并尽可能减少飞机内部的振动，可以减少虫蝇挤压情况的发生（Tween，2006）。
- 运输释放箱（根据当地情况需要，可使用空调车辆运输）到待装载的配有预冷释放设备的飞机上（图6.1和图6.2）。

图6.1　将释放箱装进卡车并运送至机场（©FAO/Moscamed项目，墨西哥、危地马拉、美国）

图6.2　将释放箱装入固定翼飞机（©FAO/Moscamed项目，墨西哥、危地马拉、美国）

- 随后移动释放箱滑块，使蝇虫进入螺旋输送器。

6.7　空中释放纸袋的装载和运输

建议用于不育果蝇纸袋机场运输的卡车应是专车，并且从未运输过杀虫剂或有毒物质。卡车应配备置物架和温度控制装置。车内温度不得超过20℃，以保证环境舒适。将纸袋放在置物架或其他类似设备上。禁止堆放纸袋，以防挤压，挤压会对成蝇造成严重损伤。为节省空间，将纸袋呈相反方向依次叠放。

为防止高温对蝇虫造成伤害，应待飞机准备工作完毕时再从卡车上取下纸袋。纸袋放在托盘上，并立即装上飞机。纸袋装载的数量取决于飞机的运载能力。最常用的固定翼飞机是CESSNA、PIPERS或其他类似机型，每次飞行可携带300～800个纸袋，相当于装载150万～500万只羽化的不育蝇（图6.3）。但工作人员也必须采取预防措施，以避免舱内纸袋挤压和破损而对果蝇造成伤害，见图6.4（Castellanos，1997；Moscamed项目，2002；Reyes等，1986；SAGARPA，1999；SAG，1994；Tirado和Gomez-Escobar，2005）。

图6.3　将纸袋转移至固定翼飞机（©FAO/PROCEM，阿根廷）

图6.4　固定翼飞机内的纸袋（©FAO/PROCEM，阿根廷）

6.8　参考文献

Castellanos, D. 1997. Aplicación del combate autocida contra mosca del Mediterráneo (*Ceratitiscapitata* Wied.). *En* Memorias del Curso Regional Sobre

Moscas de la Fruta y su Control en Áreas Grandes con Énfasis en la Técnica del Insecto Estéril. Programa Mosca de Mediterráneo-SAGAR y Organismo Internacional de Energía Atómica. Metapa de Dominguez, Chiapas,México, 425-450 pp.

Pereira, R., B. Yuval, P. Liedo, P. E. A. Teal, T. E. Shelly, D. O. McInnis and J. Hendrichs. 2013. Improving sterile male performance in support of programmes integrating the sterile insect technique against fruit flies. Journal of Applied Entomology, 137 (Supplement 1): S178-S190.

Programa Regional Moscamed. 2002. Manual de control autocida de la mosca del Mediterráneo estéril por el sistema de adulto frio. Guatemala, Mexico y Estados Unidos. Guatemala, Octubre 2002.

Reyes J., A. Villaseñor, G. Ortiz and P. Liedo. 1986. Manual de las operaciones de campo en una campaña de erradicación de la mosca del Mediterráneo en regiones tropicales y subtropicales,utilizando la técnica del insecto estéril. Moscamed Programme SAGARPA-USDA. México.

(SAG) Servicio Agrícola y Ganadero. 1984. Manual práctico de dispersión de moscas estériles del Mediterráneo TIE. SAG Proyecto 335 Moscas de da Fruta, I Región. Editado por: Rafael Mata Pereira Programa Moscamed, Guatemala y Jaime Godoy M., SAG, Chile. Arica, Chile.

(SAGARPA). 1999. Norma Oficial Mexicana NOM-023-FITO-1995. Apéndice técnico para las operaciones de campo de la campaña nacional contra moscas de la fruta. February 1999,Government of Mexico.

SAGARPA-SENASICA. 2013. Manual de procedimientos de empaque y colecta del Centro de Empaque de Moscas del Mediterráneo Estériles del Programa Moscamed. México.

Tirado, P. L. and E. Gomez-Escobar. 2005. Prácticas de empaque y liberación de moscas y parasitoides (Anexo 3, 3 p), *En* Memorias del XVI Curso Internacional Sobre Moscas de la Fruta. Programa Mosca de Mediterráneo DGSV-SENASICA-SAGARPA. Metapa de Domínguez, Chiapas, México.

Tween G. and P. Rendon. 2007. Current advances in the use of cryogenics and aerial navigation technologies for sterile insect delivery systems. *In* Area-Wide Control of Insect Pests: From Research to Field Implementation. 2007. M.J.B. Vreysen, A.S. Robinson and J.Hendrichs (eds.). Springer, Dordrecht, the Netherlands.

7 不育蝇的空中释放

流程图步骤5

对于大规模释放项目，不育蝇的空中释放比地面释放更加经济。与地面释放相比，空中释放的不育蝇分布更加均匀，也不容易导致不育蝇聚集在某一地点或释放路线上。

选择好不育蝇释放区域后，可以将其划分为几个多边形，并在这些多边形中绘制飞行航线。该步骤所使用的基本工具为数字地图配合GIS软件以及GPS（见第10章）。

不育蝇的空中释放飞行计划至少应提前24小时制订。制订的计划取决于以下内容：项目的总体策略（预防、抑制、遏制、根除）；释放区域不育蝇每周覆盖的进展情况；释放当天可提供的不育蝇数量；建立的释放密度；过去几周释放所形成的不育蝇的分布和密度状况；运输装置的可行性以及该区域不育蝇补给点的数量。

目前有两种基本的空中释放系统，即纸袋释放和冷却果蝇释放系统。

7.1 空中纸袋释放

纸袋释放过程相对简单，即装有不育蝇的密封纸袋从飞机脱离时，纸袋在接触到滑道末端的钩子或刀时，纸袋会被撕开，不育蝇即可得到释放（图7.1）。

纸袋释放方法的主要优点：

- 操作所需的辅助设备少，可供操作使用的工具种类多。
- 释放前不需要为了使蝇虫丧失应为能

图7.1 用于纸袋空中释放的典型飞机滑槽（©FAO/Moscamed项目，墨西哥、危地马拉、美国）

46

力而进行冷却，因此不存在暴露于低温所引起的蝇虫损伤和质量下降。纸袋释放方法也存在一些不足，包括：

- 干燥的气候条件下，纸袋垃圾不能快速地被生物降解，不利于释放区域的环境保护。
- 飞机上空间有限，即便是小心操作，袋中的不育蝇也常常出现损伤。
- 袋子有时会出现没有打开或只是部分打开的情况，导致捕食者在蝇虫没有找到出口前进入袋子。
- 释放前无法给蝇虫喂水，有时也不能正常喂食。
- 最重要的一点是，由于不育蝇为间歇性释放（2 ~ 8秒），因此，与冷却后释放的方式相比，通过纸袋释放的不育蝇在目标区域的覆盖范围不够均衡。
- 此外，纸袋释放方法可能会导致不育蝇的被捕食率更高，因为当纸袋到达地面时，一些蝇虫还粘在纸袋中。

7.1.1　纸袋释放的疏密和高度

根据不同种类不育蝇的分散能力和期望的覆盖率，飞机航线间距通常为100 ~ 600米不等。较为密集的飞行航线设计主要针对需要高密度释放并且飞行能力弱的不育蝇，较为稀疏的飞行航线设计则主要针对分布要求较为分散并且飞行能力强的不育蝇。例如，生活在温带半干旱环境中的地中海实蝇，最常用的航线间距为200米。飞行航线应该是直线或遵循垂直分布的曲线，且航道应始终保持平行（Reyes等，1986；Diario Oficial de la Federación，1999）。

无风条件下，不育蝇在距离地面200、400和600米的高度从纸袋释放没有差异。然而，在实际操作中更倾向于在较低的高度释放，尤其是在受到强气流影响的地区，以防止过多的不育蝇或纸袋飘移到鸟类捕食频繁的区域（Reyes等，1986；Diario Oficial de la Federación，1999；SAG，1984）。因此，不育蝇应优先选择在风力和温度适中的清晨释放。

7.1.2　纸袋释放频率的计算

根据飞机速度、单位面积所需要的不育蝇密度（平方千米、公顷）和释放区域面积的大小，工作人员需要确立纸袋的释放频率。飞机内的工人按照既定的频率将袋子撕开并放进滑道中。纸袋释放的频率按照以下公式估算（秒/袋）：

（1）确定飞机满负荷装载纸袋所能覆盖的释放区域面积

- 飞机满负荷装载纸袋量=300袋。
- 每袋可以羽化的不育蝇数量=6 400只（8 000只虫蛹×80%羽化率）。

- 每袋具有飞行能力的不育蝇数量=5 120只（6 400只成虫×80%飞行率）。
- 满负荷有效（能飞行的）不育成蝇总数=1 536 000只（5 120只能飞行的不育蝇×300袋）。
- 所需释放的不育蝇密度=2 000只/公顷。
- 满负荷不育蝇的覆盖总面积：

$$\frac{不育蝇总数}{不育蝇密度} = \frac{1\ 536\ 000只}{2\ 000只/公顷} = 768公顷（7.7平方千米）。$$

（2）确定释放区域的航线长度
- 总面积=7.7平方千米（2.77千米×2.77千米）。
- 一条航线长度=2.77千米（2 770米）。

（3）确定释放区域航线数量
- 航线间距=200米。
- 方形区域长度=2 770米。
- 航线数量：

$$\frac{方形区域长度（米）}{航线间距（米）} = \frac{2\ 770米}{200米} = 13.8条。$$

（4）确定纸袋释放的频率（秒）
- 飞机速度=45米/秒。
- 航线长度=2.77千米（2 770米）。
- 总航线数量=13.8条。
- 释放频率：

$$\frac{（航线长度）（航线数量）}{（飞机速度）（纸袋数量）} = \frac{（2\ 770米）（13.8条）}{（45米/秒）（300袋）} = 2.8秒/袋。$$

以不育蝇的密度为2 000只/公顷为前提，如果飞机的满负荷纸袋量为300袋（150万只不育蝇），则需每2.8秒释放1袋。假设飞机的速度是恒定的，且最大负荷是300袋，即1 536 000只有效（能飞行的）不育蝇，若想提高不育蝇的密度，需提升纸袋释放频率。

可以使用GPS和适当的软件验证飞机是否遵循飞行路线和正确的航线间距（见第10章）。

根据昆虫的寿命差异（寿命的具体测算方法见质量控制手册；FAO、IAEA、USDA，2014），应对释放的间隔时间进行相应调整。对于地中海实蝇，每周应至少释放两次（见第9章图9.1）。

为评估释放过程对不育蝇的质量影响，需要在释放前后定期取样测定（FAO、IAEA、USDA，2014）。

7.2 冷却成蝇的释放

冷却蝇虫释放方法主要应用于大规模释放项目，这是一个用于处理大批量蝇虫比较复杂的系统。

冷却成蝇释放方法的主要优点是：每次飞行装载的成蝇数量大、释放均匀。其他优点包括：不会产生纸袋垃圾；释放前可以适当喂食喂水；虫蝇被捕食的风险小，使用的人力少。

冷却成蝇释放的缺点包括：冷却释放设备是专用设备且数量有限，因此购买费用和维护费用高；设备设计专用于蝇虫羽化和释放过程，因此价格昂贵。尽管如此，冷却释放也是投入产出比最高的。

通过低温使蝇虫丧失行为能力的方法会对不育蝇造成一定程度的损伤，且损伤程度与暴露时间成正比。基于此原因，如果目标释放区域与羽化设施距离远，可能会导致蝇虫质量下降程度较大，以至于必须考虑在另一个地方建设羽化设施。其他影响蝇虫质量的因素包括：冷凝、挤压和机器运动部件的损坏（IAEA，2004）。

墨西哥曾经开展了一项关于地中海实蝇的冷却释放、纸袋释放和小纸板箱释放3种不同方法的大型比较研究（Villaseñor，1985）。用固定翼飞机释放不育蝇，根据释放方法的不同将不育果蝇进行不同颜色的标记。评估释放方法的主要参数为：①蝇虫分布情况，使用诱捕量百分比测算。②重捕蝇虫的密度，根据每天每个诱捕器捕获的蝇虫数量（FTD）计算，利用杰克逊雄性特异诱捕器。③每种释放方法的成本。结果表明，冷却释放是获得不育蝇最佳分布和密度效果的最好方法，其次是纸板箱和纸袋释放。另一方面，最经济的释放系统是纸袋，其次为纸箱和冷却释放（Villaseñor，1985）。应用初期，冷却释放设备故障频繁，难以获得零部件，缺乏专业的维修服务，这些都成为使用冷却成蝇释放系统的主要制约因素。新一代的冷却成蝇释放机器采用了更简单的机械装置，可靠性更高，因此部分已经克服了早期的限制，以下章节将具体介绍。

7.2.1 冷却成蝇释放机器的演进

不育蝇冷却释放专用设备发明至今已有30多年的历史。

这些机器一般都由4个基本部分组成：
- 释放时冷却果蝇的装置（释放时不育果蝇应保持在3～4℃）。
- 果蝇的计量装置。

- 机器控制系统。
- 释放装置。

第一个机器模型是美国农业部在1974年设计制造的（图7.2），于1975—1976年在加利福尼亚州南部首次用于不育蝇释放。该机器用底部可以折叠的一叠托盘存放经过冷却且失去行动能力的不育蝇。托盘置于漏斗上方，通过漏斗将不育蝇转移至传送带。传送带将不育蝇传送至与飞机机身成45°的释放滑槽处。在操作时，采用光电感应装置检测传送带上的不育蝇。当检测到没有蝇虫时，电动螺旋驱动装置会使下一个装有不育蝇的托盘底部开启并释放不育蝇至传送带，不育蝇随即阻断光电感应并停止螺旋驱动。蝇虫释放速率通过调整传送带的传动速度进行控制。在飞行过程中，该机器始终将果蝇保持在2～4℃的温度条件下。

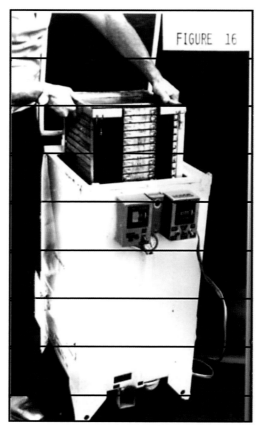

图7.2　单次装载量500万只的不育蝇释放设备于1975年在加利福尼亚州南部用于地中海实蝇的释放（©FAO/CDFA）

　　第一代不育蝇释放机器出现了诸多问题，包括果蝇装载困难、装载容量有限、过多的水凝结导致果蝇聚集成团和机械部件故障频发等。因此，迅速对第一代机器进行了结构简化、容量加大的设计改进。1980年，加利福尼亚州北部和南部地中海实蝇疫情暴发，该改进机型投入了应用。在新机型中，可堆叠托盘被独立的箱体代替。箱内使用可拆卸的楔形挡板装载果蝇。早期型号使用的光电感应装置和传送带被保留下来用以计量和运送蝇虫到释放槽。

　　新机型的最初版本配有两个装载蝇虫的箱子，每个箱子的容量大约为1974年机型的3倍（图7.3）。此外，其制冷系统使用的是标准汽车部件，故障率更低。双箱版本的容量远远超过满足当时释放率所需的蝇虫数量，且体积过大无法装进大多数单引擎飞机，所以后来的型号只配备1个箱子。1980—1991年美国农业部所有的果蝇项目均使用该型号的机器。

图7.3　单次装载量1 000万只不育蝇的释放机（©FAO/Moscamed项目，墨西哥、危地马拉、美国）

　　第三代机器采用固定支架代替机械挡板。此外，螺旋推进器取代了传送带（图7.4）。简化的设计大幅提高了机器的可靠性。释放速度通过位于装载冷却果蝇箱子下方的3个螺旋钻的转速来调整。每次释放共有4种释放速率可选择，飞行员可通过按下按钮改变释放速率。

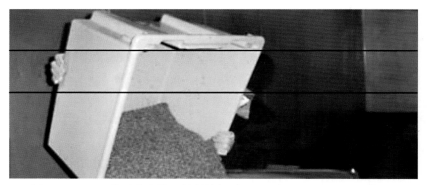

图7.4　Shickel公司生产的双箱释放机（DBRM）（©FAO/Shickel公司）

　　该双箱释放机采用蜗杆螺旋系统释放冷却果蝇。该机型由美国农业部动植物检疫局设计，美国弗吉尼亚州Shickel公司制造，应用于Moscamed危地马拉项目，由飞行员手动操作。

　　目前的最新设计是由墨西哥公司开发的Mubarqui智能释放机（MSRM）（Leal等，2013），见图7.5。MSRM的基本组成部分包括：

- 冷却系统和装载容器：不育蝇装载容器采用不锈钢制作，可以起到良好的隔热效果，为不育蝇在地面和空中运输并在划定区域或多边形航线区域释放创造了良好条件。该系统也配有恒温器和震动器，用于避免产生气袋。

- 中央控制单元：是接收计算机指令并使机器运转的装置，如机器释放程序的开始和结束、挡板的开启和关闭、调节细微震动以获得精准的释放速率。释放速率通过电脑编程进行控制，并根据所需要的不同的震动给料强度进行调整，以免对不育蝇造成损伤。

- 导航系统：引导飞行员飞行到多边形释放区域内，同时也可以控制自动释放装置。

- 释放装置：安装在飞机内部，包括振动给料机、自动挡板和调节传送带系统到飞机外侧滑道的直线驱动器。滑道的形状设计是为了避免文氏管的吸入效应，以提高释放速率的精确度。该装置还配备了摄像机。

- 操作系统：MSRM使用由墨西哥Mubarqui公司开发的软件，该软件安装在可以使用GPS的Android操作系统平板电脑上。该设备通过蓝牙与中央控制单元连接，执行所有与释放相关的操作，包括自动校准，在多边形区域、暴发区或清除区，增大或减小释放速率。

- 飞行员可以在平板电脑屏幕上获取所有从机场到释放区域所需的导航信息。飞机抵达释放区域上空后，利用其调整飞机速度、最大和最小释放高度以及航线间距。同时，平板电脑还可以记录飞行航线的具体信息，如飞行高度和速度，为飞机的位置、航线和航向做预警。

- 释放方法：平板电脑通过网络接收当天的释放程序和备选的多边形释放区域，作为"释放飞行指令"。执行任务的飞行员立即将信息设置为有效的飞行指令，导航信息随即出现在屏幕上，引导飞机到达多边形释放区域。到达多边形释放区域后，释放速率的校准将根据释放飞行指令自动启动。如果天气因素阻碍了飞机在首选的多边形释放区域上方飞行，飞行员可以更换并设置有效的备选多边形释放区域。

飞行结束后，飞行员将MSRM的平板电脑数据与互联网同步，并下载飞行文件上传到MACX系统互动网站。随后这些文件可供田间操作技术人员和信息技术人员审查与分析。

图7.5　MSRM（©FAO/Mubarqui航空服务）

7.2.2　飞机与冷却果蝇释放设备

飞机在不同的程序中使用的类型不同（表7.1和表7.2）。单双引擎飞机，燃气及涡轮机使用情况见表7.1。所有的释放系统对电流和电压的要求分别是31A、24V。运行12V电压的飞机需转换为24V电压。

表7.1　释放冷却成蝇的飞机和设备

果蝇种类	机器类型	机　型	装载能力（只）	项目实施地区
地中海实蝇	纸袋	CESSNA 172	—	阿根廷
地中海实蝇	纸袋	CESSNA 172	—	智利
地中海实蝇	冷却释放机	BEECHRAFT KING AIR 90	1 000 万	葡萄牙
地中海实蝇	冷却释放机	NORMA ISLANDER	500 万	以色列
地中海实蝇	冷却释放机	CESSNA 207	500 万	南非
地中海实蝇	冷却释放机	CESSNA 206	1 000 万	瓦伦西亚、西班牙
地中海实蝇	MSRM	CESSNA 401 & 402	6 000 万	墨西哥
墨西哥按实蝇	MSRM	CESSNA 206	700 万	墨西哥
西印度按实蝇	MSRM	CESSNA 206	7 00 万	墨西哥
地中海实蝇	MSRM	CESSNA 172	500 万	内雷特瓦、克罗地亚
采采蝇	MSRM	GIROCOPTER	15 000	塞内加尔

注：冷却成蝇释放机的供应商见附录5。

表 7.2　常用飞机机型和释放系统类型

果蝇种类	释放系统类型	机　型	项目实施地区
地中海实蝇	纸袋	CESSNA 172	阿根廷
地中海实蝇	纸袋 冷却成蝇	CESSNA 172	智利
地中海实蝇	纸袋	PIPPER PA-28	智利
地中海实蝇	冷却成蝇	LET 410 UVE	危地马拉
地中海实蝇	冷却成蝇	BEECHRAFT KING AIR 90KI	危地马拉
地中海实蝇	冷却成蝇	CESSNA 207	南非
地中海实蝇	冷却成蝇	NORMA ISLANDER	以色列
地中海实蝇	冷却成蝇	CESSNA 206	西班牙
地中海实蝇 墨西哥按实蝇 西印度按实蝇	冷却成蝇	CESSNA 207	墨西哥
地中海实蝇 墨西哥按实蝇 西印度按实蝇	冷却成蝇	CESSNA 208	墨西哥
墨西哥按实蝇	冷却成蝇	MAULE	墨西哥
墨西哥按实蝇	冷却成蝇	CESSNA 205	墨西哥
西印度按实蝇	冷却成蝇	CHEROKEE	墨西哥

7.2.3   冷却成蝇释放过程的质量控制

建立数字化质量控制系统对空中释放非常重要。质量控制系统需要整合所有关于释放果蝇的数量、质量以及释放的时间、地点和方式等信息，同时必须在GIS地图上显示田间释放结果。

墨西哥使用MACX质量控制系统对释放过程进行评估。此系统在不同的项目或活动中，使用的版本不同。如PROMOMED主要针对墨西哥恰帕斯的地中海实蝇和克罗地亚的Neretva项目，PROMOFRUT主要针对墨西哥圣路易斯波托西、新莱昂、萨卡特卡斯、锡那罗按实蝇属实蝇以及非洲塞内加尔采采蝇释放项目。MACX系统的设计是为了跟进冷却成蝇释放的效果，它可以在释放过程中实时地向基站发送关于释放过程质量的数据。数据随后被识别、分析、转换并重新发送到一个可供管理者或项目负责人查阅的网站。MACX系统还可以用作追溯工具，跟踪虫蛹从大型饲养场运输至不同包装中心、质量控制流程、不育蝇释放、不育蝇捕捉和综合控制等活动。MACX系统是项目操作人员与不育蝇释放公司之间的纽带，有助于简化不育蝇空中释放过程，减少错误的发生，提高空中释放服务的质量。墨西哥按实蝇项目签署了在不育蝇释放服务中使用MACX系统的合同，将MACX系统作为质量控制的良好工具。

该系统是根据Mubarqui智能释放机的特点进行开发设计的。可以冷却成蝇的Mubarqui智能释放机配备了传感器装置，可以识别释放机内部条件及生物物质。主要传感器有：①用于测量装载容量和在飞行中控制释放过程的传感器。②湿度和温度传感器。由于温度和湿度是空中释放过程中保证释放昆虫质量的关键因素，因此，传感器对这些因素应进行实时监控。必要时，要在地面对温度和湿度条件进行调整并使其维持在建议水平（Leal Mubarqui，2005）。

安装了MACX系统的飞机装有一个连接Mubarqui释放机传感器和GPS的发射器。GPS可以精确到每秒钟识别飞机的具体方位，还可以立即将飞机的速度、磁航向、起飞和着陆时间以及飞行时间等信息传输至基站。飞行高度、航线间距和密度则根据项目技术人员设定的参数确定，这些信息被发送到MACX系统。中央控制单元可以自动识别飞行信息并发出释放指令，为飞行员提供导航信息及预先设定的释放速率或密度。

在www.macxd.org.mx网站上可实时查看MACX系统的数据报告，也可查找不同释放区域的历史数据。

所有设备在使用前应进行安全检查。

7.2.4　冷却释放的间距和高度

不同项目的航线间距和释放高度不同。例如，美国大多数冷却果蝇释放的航线间距一般为268米。在地形平坦的预防性释放项目中，航线间距为536米。对于墨西哥按实蝇，为确保完全覆盖某区域，趋向于采用100米的航线间距，而对于地中海实蝇则推荐采用500米的航线间距。Barclay等（2016）开发了一个模型，可以用作项目管理人员评估不育地中海实蝇释放航线最佳间距的工具。该模型以扩散方程为基础推导出飞行航线的最佳间距和飞行间隔时间，以实现释放昆虫合理均匀的空间分布且使成本最小化。

评估释放的地面高度或海拔高度时，需要考虑诸多因素，包括但不限于：释放的不育蝇的飞行能力和分散行为；环境条件如风、温度、云量、雾、烟尘和释放时间；地理条件包括地形、城市或农村、植被；其他影响释放高度的因素包括政府航空管理规章和飞行管制（禁飞区）。

例如，在美国、墨西哥和危地马拉的大多数果蝇释放项目中，释放的高度为地平面以上（AGL）300～600米。为避免冷却果蝇在没有恢复体温或苏醒前到达地面，冷却果蝇的释放高度最好不低于150米。然而，在温暖气候条件下的一些项目可选择较低的释放高度，如墨西哥的按实蝇释放项目，释放高度为地面高度100米，不育蝇在到达植被前已经苏醒。另一方面，地面高度600米以上释放，则会导致冷却不育蝇的过度漂移。

7.2.5　冷却成蝇释放速率的计算

项目执行中采用不同的方法计算冷却成蝇的释放速率。以下是测定释放率的一种方法。

使用以下公式计算每秒释放的冷却不育蝇的数量：

每秒释放成蝇的数量 $= M \times A \times V \times Z$

此处：

M= 每公顷成蝇的数量

A= 航线间距

V= 飞机的飞行速度，千米／小时

Z=0.000 027 8，用于计算每秒释放成蝇数量的常数

例如：如果飞机飞行速度为144千米／小时，航线间距为268米，为了达到每公顷释放5 000只果蝇，机器应以每秒5 364只的速率释放果蝇。

$$每秒释放果蝇的数量 = M \times A \times V \times Z = 5\,000 \times 268 \times 144 \times 0.000\,027\,8$$
$$= 5\,364\,只／秒$$

机器的转速或传送带速度应根据不育蝇释放的实际距离做出相应调整。由于空速和装载量通常是恒定的，所以通过在几次飞行中对释放机释放速率的微调，可以得到非常精确的释放速率。释放机应定期维护。应始终配有备用释放机，以确保不育蝇释放项目的连续性。

7.2.6   西班牙不育蝇释放系统

不育蝇的释放目标是要达到要求的释放比，而野生蝇种群并不是均匀分布的。采用实时变速释放系统可以使有限数量的不育蝇分布更加合理，以达到所需目标的释放比。在已经达到释放比的区域，不需要继续释放不育蝇，由此节省下的不育蝇可以转移至尚未达到释放比的区域释放。此外，该方法不但可以在不规则形状的区域释放不育蝇，而且节省了连接不规则区域之间的不育蝇释放。

基于3方面因素的考虑，可以采用固定释放速率：一是地理参考地图（栅格文件），提供了在释放区域所需的释放速率。该栅格文件是工作人员根据害虫和宿主在地图上的分布等变量计算得出的。二是提供计划飞行路径的矢量文件。三是飞行过程中的GPS信息。

地图显示需要的释放率和飞行路线，根据航线长度和航行区域下方易感果树宿主的公顷面积，分配不育果蝇释放量。软件将飞行路线转换成一系列信号或信标，并对每个信标分配理论释放速率。这些计算是在飞机起飞前完成的。在飞行过程中，要根据飞机的实际速度与位置，优化释放计划。

飞机上的释放系统包含以下4个组成部分：

- USB接口的简易GPS天线，用以在飞行过程中定位。
- 安装在笔记本电脑的软件通过GPS通信模块从GPS获取定位信息。飞机起飞前，软件已经分析了飞机的释放速率和飞行路径的栅格数据。飞行路线每隔100米设一个信标。根据栅格地图，每个信标都设定了与其位置对应的释放速率。在飞行过程中，软件将根据GPS天线的位置实时地向电子设备传送释放速率数据。
- 电子系统将软件与释放机械装置连接起来。
- 伺服发动机根据从电子系统接收的信号控制释放机械设备（双螺杆）。

7.2.7   不育蝇释放前后的质量控制

通过质量控制测试评估释放设备对不育蝇造成的损伤程度。在释放过程中选取3个点收集不育蝇样本，评估其飞行能力和寿命：

- 对照：释放前从满载的释放容器顶部采集第一份样本，作为试验对照。

- 释放前：释放前从容器底部释放滑道下方采集第二份样本，以衡量在释放容器中不育蝇因遭受挤压和螺旋推进装置或传送带对其造成的损伤程度。
- 释放后：从释放设备网袋中采集第三份样本，以衡量在运输和空中释放过程中造成的损伤。每个采样点至少应采集3组，每组至少100只不育蝇。

在飞行能力测试中，每个飞行管应放置100只蝇虫，按照"对照""释放前"和"释放后"进行标注，放置在环境可控的区域。每组样品的飞行能力和寿命的百分比通过计数24小时后每个管中剩余的蝇虫量来确定。100减去剩余数量即是飞行能力和寿命的百分数（FAO、IAEA、USDA，2014；SAGARPA-SENASICA，2013）。

每个步骤之间相差5个百分点以上，则表明不育蝇遭受了过度损伤。如果出现这种情况，应立即停止使用该飞机和释放设备，寻找问题源头并解决问题。

7.3 参考文献

Argilés R. and J. Tejedo. 2007. La lucha de la mosca de la fruta mediante la técnica del insecto estéril en la Comunitat Valenciana. Levante Agricola, 385: 157-162.

Barclay, H.J., R. Steacy, W. Enkerlin and P. Van Den Driessche. 2016. Modeling diffusive movement of sterile insects released along aerial flight lines. International Journal of Pest Management, 62(3): 228-244.

Briasco M., D. Larrosa, G. Salvador, J. Montesa and R. Argilés. 2011. Variable rate of aerial release of sterile insects in area-wide pest management programs. *In* Proceedings of the 3rd International Conference of Agricultural Engineering, Valencia, Spain, July 8–12, 2011.

Briasco M. 2009. The use of GIS in the SIT program against medfly in Valencia.*In* Technical Report of FAO/IAEA Consultants Meeting on Using GPS Instruments and FOSS GIS Techniques in Data Management for Insect Pest Control Programmes, Vienna, Austria, 31October-4 November, 2011.

Calkins C. and A. Parker. 2005. Sterile insect quality. *In* Sterile Insect Technique: Principles and practice in area-wide integrated pest management, V. A. Dyck, J. Hendrichs and A. S. Robinson (eds.) Springer, Netherlands.

Diario Oficial de la Federación. 1999. Norma Oficial Mexicana NOM-023-FITO-1995, por la que se establece la Campaña Nacional Contra Moscas de la Fruta. 11 de febrero 1999, México, D.F.

FAO/IAEA/USDA. 2014. Product quality control for sterile mass-reared and released tephritid fruit flies. Version 6.0 International Atomic Energy Agency. Vienna, Austria, 159 pp.

Pereira, R., B. Yuval, P. Liedo, P. E. A. Teal, T. E. Shelly, D. O. McInnis and J. Hendrichs. 2013. Improving sterile male performance in support of programmes integrating the sterile insect technique against fruit flies. Journal of Applied Entomology, 137 (Supplement 1): S178-S190.

Klassen W. and C. Curtis. 2005. History of the Sterile Insect Technique. *In* Sterile Insect Technique: Principles and practice in area-wide integrated pest management, eds. Dyck V, Hendrichs J and Robinson AS.Springer, Netherlands.

Leal Mubarqui R. 2005. Manual de operación del método "MUBARQUI". Servicios Aéreos Biológicos y Forestales Mubarqui.1ªedición.México.

Leal-Mubarqui R., R. Cano, R. Angulo and J. Bouyer. 2013. Smart aerial release machine for Sterile Insect Technique under the chilled adult method. 96th Annual Meeting of the Florida Entomological Society.14-17 July, 2013. Naples, Florida, USA.

Liquido N.J., L.A. Shinoda and R.T. Cunningham. 1991. Host plants of the Mediterranean fruit fly, Diptera: Tephritidae: An annotated world review. Miscellaneous Publications of the Entomological Society of America, 77:1-52.

Reyes J., A. Villaseñor, G. Ortiz, and P. Liedo. 1986. Manual de las operaciones de campo en una campaña de erradicación de la mosca del Mediterráneo en regiones tropicales y subtropicales, utilizando la técnica del insectoestéril. Moscamed Programme SAGARPA-USDA. México.

(SAG) Servicio Agrícola y Ganadero. 1984. Manual práctico de dispersión de moscas estériles del Mediterráneo TIE. SAG Proyecto 335 Moscas de da Fruta, I Región. Editado por: Rafael Mata Pereira Programa Moscamed, Guatemala y Jaime Godoy M., SAG, Chile. Arica, Chile.

SAGARPA-SENASICA. 2013. Manual de procedimientos de control de calidad de moscasdel Mediterráneo estériles del CEMM. Tapachula, Chiapas, Mexico.

Tween G. and P. Rendon. 2007. Current Advances in the use of cryogenics and aerial navigation technologies for sterile insect delivery systems. *In* Area-Wide Control of Insect Pests: From Research to Field Implementation. M.J.B. Vreysen, A.S. Robinson and J. Hendrichs(eds.). Springer, Dordrecht, The Netherlands.

Villaseñor A. 1985. Comparación de tressistemas de liberación aérea para mosca del Mediterráneo estéril *Ceratitis capitata* Wied.Tesis de licenciatura, Ingeniero Agrónomo en especialidad de parasitología. Universidad Autónoma de Chiapas, Campus IV, Ciencias Agrícolas.

Vreysen M. 2005. Monitoring sterile and wild insects in area-wide integrated pest management programmes. *In* Sterile Insect Technique: Principles and practice in area-wide integrated pest management.Dyck V, Hendrichs J and Robinson AS,Springer, (eds). Springer,Dordrecht, The Netherlands.

8 不育蝇的地面释放

　　地面释放通常适用于以下3种情况：一是释放区域呈不连续分布或面积相对较小，采用空中释放既不经济也不高效；二是由于某种原因需要额外释放更多的不育蝇来达到所需的高密度，如诱捕器监测所指示的热点；三是出现了高风险区域，需要提供比正常空中释放更多的不育蝇。

　　地面释放有两种形式：成虫释放和虫蛹释放。成虫释放应用最为广泛，而虫蛹释放只能在某些特殊情况下使用。

8.1　成虫地面释放

　　成虫地面释放是指将虫蛹放入容器（如纸袋、塑料箱、纸板箱等）并运送到释放中心保存一段时间，待虫蛹完全羽化并达到性成熟后，在地面进行释放的方法。该方法与虫蛹地面释放相比，将被捕食率降至最低，但该方法需要妥善管理容器保存条件，以确保释放的成虫具有良好的生存力和竞争力。成虫通常在羽化后2～5天（随品种而异）释放并处于接近性成熟的状态（不同种类达到性成熟的时间不同）。此过程最大限度地减少了成虫在性活动之前的损失。此技术的主要变量是释放容器类型和容器中的成虫密度。

　　一般情况下，容器中的成虫应在冷藏条件下（＜20℃）从释放中心运送到释放地点，从而将容器内的环境胁迫降到最低。成虫释放的频率可能会受到外部因素的影响，如虫蛹的供应、不稳定的羽化和不利的天气条件。

8.1.1　地面释放使用的容器

　　地面释放最常用的容器有圆柱形塑料桶、PARC盒和纸袋。

（1）圆柱形塑料桶

　　理想情况下，最大容量25 000只虫蛹的塑料圆柱桶（45升）应放置15 000只虫蛹（Sproule等，1992；Horwood和Keenan，1994；Perepelicia等，1994）（针

对昆士兰实蝇计算，平均重量为10毫克，因此实际容纳数量应根据果蝇数量进行调整）。圆柱桶底部要放置带有褶皱的纸，为果蝇提供额外的休息空间，便于伸展翅膀，同时用于吸收果蝇的排泄物。桶的内壁应作磨砂处理，方便成虫抓住桶壁。圆柱形不如方形或长方形容器空间利用率高，运载同等数量的果蝇需要更大的运输工具（图8.1）。由于圆柱桶更深，通风（通过纱网覆盖开口）比PARC盒更加重要（James，1992；Horwood和Keenan，1994）。蝇虫呼吸产生的二氧化碳和排泄物所产生的氨气可能会聚积在任何容器的底部，尤其是圆柱桶底部，会对圆柱桶底部的成虫羽化产生不利影响。

图8.1　用拖车装载的成蝇释放桶（©FAO/昆士兰实蝇项目，澳大利亚）
注：运输过程中常用遮挡物遮挡圆桶，以庇护成虫。长途运输应使用空调运输车。尽量减少公路运输时间，减少对成虫的环境胁迫。图中可见小型通风口，反映了塑料桶的局限性。

(2) PARC盒

成虫也可使用PARC盒进行释放。PARC盒容积50升，比圆柱桶底面积更大，避免了虫蛹被置于桶底和可能过热的风险。PARC盒中可以放置带有褶皱的纸或其他分隔物，以增加成虫休息的空间。但这两种方法均存在通风问题，挥发性物质（二氧化碳、氨气、水蒸气）均可能聚积在桶底或箱底，降低了不育蝇的存活率（Horwood和Keenan，1994；James，1992）。在PARC盒上开口，覆盖纱布或纱窗，可以帮助挥发性物质排出。总而言之，与使用较小的释放容器和纸袋技术相比，在释放点数量较少时，圆柱桶和PARC盒都会导致释放点不育蝇数量过多（>15 000只）。

通风对于排放圆柱形桶和PARC盒内的废弃物都非常重要。在虫蛹保存室，容器经常以金字塔的形式堆放，以最大限度地利用空间。但是这种堆放方式会干扰空气流动，管理人员需要确保空气流动和废弃物质排出（图8.2）。

图8.2　侧面无通风窗口和侧面有通风窗口的PARC盒
（©FAO/昆士兰实蝇项目，澳大利亚）

注：从通风窗口可以看到为实蝇提供休息空间的内部隔板，也可以看到盒子底部羽化还没有开始的粉红色虫蛹。PARC盒呈5层堆放，保持室内通风，防止盒内废气积聚。

对于这两种方法，管理者必须评估蝇虫拥挤造成的环境胁迫。此外，虫蛹放置于过深的容器（特别是底面积较小的容器）可能导致虫蛹过热，对羽化造成不利影响（Dominiak等，1998）。

循环利用容器或容器部件（如塑料桶、PARC盒、盆、饮水器等）时，管理者需要注意，清洁是减少真菌或其他病原体对整个项目不利影响的一个重要步骤。谨慎选择清洁剂，因为一些残留物可能对成虫有害。有时由于供应问题而导致的清洁剂成分细微变化也可能对成虫产生严重的负面影响。

（3）纸袋

虫蛹放入纸袋（如20号牛皮纸）后，在纸袋内羽化并使用同一纸袋释放。将长度为1米的纸条置于袋内，可为成虫提供大约2 400立方厘米的栖息空间。纸袋装载的虫蛹数量较少，适合多点释放。与塑料桶、PARC盒或较大的释放笼相比，纸袋释放可以在释放区域内获得更好的蝇虫分布。通常纸袋长约20厘米、宽10厘米、高35～45厘米，可以容纳4 000～8 000只虫蛹，预期羽化率为80%～85%。

（4）其他类型的释放容器

可用于地面释放的容器还有网笼和尼龙网袋（图8.3、图8.4和图8.5）。这两种容器在澳大利亚进行了试验，尚未用于大规模释放项目（Dominiak等，1998，2000a，2000b，2003；Meats等，2003）。网笼和网袋设计是为了解决塑料桶和PARC盒存在的通风问题。由于不会造成挥发性物质的聚积，网笼和网袋比塑料桶和PARC盒能装载更多的成虫。四面的纱网为成虫提供了更容易栖息的表面。长1.8米、宽0.7米、高1.2米的网笼可容纳20万只虫蛹，预期羽化率为86%（Dominiak等，1998）。当释放点的数量有限时，体积大的网笼与塑料桶一样，存在在一个释放点释放数量过多的问题。

图8.3　拖车上的两个大型网笼（©FAO/昆士兰实蝇项目，澳大利亚）

注：网笼侧面使用维可牢尼龙搭扣（搭扣有两面，一面表面是钩状结构，另一面为环状结构，两面拉开即可打开网笼，贴紧即可关上），可以轻松地拉开并释放成蝇。根据网笼的尺寸，可以用运输车或拖车进行运输。该方法通常用于在封闭式释放点释放大量果蝇。

使用容量为16 000头只蛹的较小的网笼（长50厘米×宽50厘米×高50厘米）可以改善果蝇的分布情况（Meats等，2003）。负责果蝇释放的管理人员需要根据实际环境确定选择网笼的尺寸。虫蛹放置的深度不应超过9毫米，因为积累的热量会导致羽化率降低并增加成蝇的畸形率（Dominiak等，1998）。一些果蝇品种羽化率较低，导致笼内出现不同的果蝇种群，该因素可能影响笼内放置虫蛹的数量。

图8.4 使用维可牢尼龙搭扣盖子的小型网笼（©FAO/昆士兰实蝇项目，澳大利亚）
注：使用维可牢尼龙搭扣盖子的小型网笼可以很容易地打开。这些容器没有塑料桶和
PARC盒存在的通风问题。与大型网笼相比，小型网笼这种较小的释放容器可以在更
多释放点释放数量更少的果蝇。

　　另一种类似的方法是尼龙网袋。这些袋子（长约90厘米、宽约90厘米）
可容纳多达80 000只虫蛹，羽化率达到80%（Dominiak等，2000a）。袋子边
缘使用维可牢尼龙搭扣连接，方便成蝇释放和袋子的清洗。在虫蛹羽化的过程
中，袋子需要挂在铁丝架上。尼龙网有利于袋内空气流通，不会造成废弃物质
的积聚。

图8.5 挂在架子上的尼龙袋（©FAO/昆士兰实蝇项目，澳大利亚）
注：在袋子底部可见粉红色的虫蛹，在袋子内侧可见成虫。水由放置在袋子顶部的Wettex
或布条提供。袋子边缘使用维可牢尼龙搭扣连接，便于开启和清洗。

8.1.2　成蝇地面释放程序的说明

成蝇在纸袋内完成羽化后，将纸袋装载至运输车，车辆必须配备有遮盖物，用来保护纸袋不受阳光直射或风吹雨淋。必须做好预防措施，避免运输过程中纸袋剧烈移动。此外，不能堆叠或挤压纸袋，以防对成蝇造成不必要的伤害。运输车至少应配备两层货架放置纸袋，从而避免纸袋的堆叠和挤压。

在释放不育蝇之前，了解宿主的位置对野外释放效率至关重要。为此，必须事先获得宿主普查信息或数据库，并确定监测地点的位置。

为了帮助不育蝇飞离纸袋，纸袋应从上到下撕开。小心操作，以免伤害蝇虫。

根据传统做法，纸袋和其他释放果蝇容器（如PARC盒、塑料桶等）是由空调运输车运到预先选定的释放点。这些释放点最好在监测点的100米之外。运输车到达释放地点后，从车上搬下释放容器，将成蝇释放至树冠下或树冠内。通常完成这些操作需要几分钟的时间，并在若干个释放点多次进行，工作效率并不高。当然，在劳动力成本低廉的地方，可能不算是个问题。每公顷释放点的数量需要根据所需的覆盖率和昆虫可能飞行的距离进行确定。过去普遍使用标准的或预先确定的释放点，目前的趋势是采用流动释放，即通过运输车辆在多个释放点进行小量释放。定点释放（James，1992；Dominiak等，1998)和流动释放会导致野外不育蝇分布情况略有不同，投入的资源也不尽相同。管理人员需要评估哪种释放方法更适合实际情况。定点释放通过GPS坐标定位，研究人员和管理者可以更好地了解飞行距离、分散和分布等情况（见第10章）。

纸袋通常需要在果树宿主上置放一周时间，并在下一个释放周期移除（图8.6)。一些国家对环境污染问题有担忧，纸袋释放可能需要当地政府的许可。多点少量释放可以让不育果蝇获得更好的分布，但是需要更多的劳动投入，在劳动力成本高的国家可能不适用。

图8.6　被撕开展示内部不育蝇的纸袋（©FAO/PROCEM项目，阿根廷）

注：正常情况下，成蝇在纸袋撕开后就会离开纸袋。这些空纸袋将在下一个释放周期从树上移除。

在使用PARC盒或塑料桶装载大量虫蛹时，未羽化的虫蛹应运回车辆，以备在下一次释放时再次利用，但纸袋释放则不能这样做。不能将未羽化的虫蛹倒在地上，以防止蛹壳上的染料标记在羽化前被破坏，从而影响识别不育蝇的准确性。未羽化的虫蛹应送回基地进行销毁。

另一种方法是通过车辆缓慢移动进行持续释放（图8.7）（Salvato等，2003）。该方法更加节省时间，但需要考虑一些其他问题。与定点释放相比，该方法减少了停车（启动）的次数，通常用于纸袋释放，其他小容器也可以使用。

与空中释放相似，成蝇也可以通过机器释放，但这会大大增加项目成本。

图8.7　堆放在小卡车后部架子上的纸袋（©FAO/PROCEM，阿根廷）
注：为了节省空间，纸袋可以间隔倒置。纸袋需要在释放点撕开，使不育蝇离开纸袋。

纸袋或其他小容器置放于车辆后部的架子上，释放人员将纸袋撕开或打开容器，引导成蝇飞向空中。在固定时间间隔或间距释放不育蝇，但不用停车。这种释放方法存在职业健康和安全方面的问题，因此在某些国家受到严格管控。除此之外，也需要有系统的方法，保证使用过的容器与未使用过的容器分开。风速超过每小时4千米时，果蝇将停止飞行，因此在车辆移动时，从一个敞开的笼子中释放果蝇是不可能成功的（Dominiak等，2002a）。

另一个选择是在释放前冷却成蝇（冷却温度为3～6℃，不同品种温度不同）。这样释放容器中就只有成蝇，避免了将虫蛹运回释放中心的麻烦。一般来说，这些容器应保持在果蝇飞行阈值温度（−17℃）以下，直到释放点。从这些容器释放后，成蝇迅速恢复体温并飞到树上。

两种方法都存在局限性。释放时应避免高温（＞30℃），因为许多蝇类在该温度下不愿意消耗能量飞行。一般不建议在雨中释放蝇虫。当环境温度低于飞行阈值时，也应避免释放果蝇，因为在该温度下，果蝇飞到为其提供保护的树木上的可能性很小。

8.1.3 地面释放实施的条件

在很多情况下，成蝇都可以实施地面释放（其中一些也可以采用其他容器进行地面释放）。

预定地点的常规地面释放：根据该地区的具体条件（宿主分布，城市还是农村，是否通路，地形情况，实际距离，进入该地区是否需要许可证等），不育蝇纸袋放置地点是预先确定的，不要错过任何一个需要放置纸袋的地点。释放地点清单要提前准备好并随车携带。为达到需要的释放密度，需要规定每个地点放置的纸袋数量。该释放方法很难使果蝇均匀释放，因此通常不建议在范围过大的地区使用。为了更好地执行释放程序，纸袋应尽可能均匀分布。常用的两种方法是：车辆缓慢移动释放和在每一个释放点停车进行定点释放。

- 停车定点释放：在每一个预先设置的释放点，停车并将袋子置于长有树叶和果实的寄主树木的树冠内。避免将袋子置于距离诱捕器100米的半径范围内。例如，一辆小型车可以携带150 ~ 300个袋子，覆盖400 ~ 500公顷的区域，每公顷释放2 500 ~ 3 500只成蝇（每袋8 000只不育蝇×85%的羽化率）。
- 车辆移动释放：在移动车辆上执行不育蝇释放，每间隔50 ~ 100米释放一个撕开的纸袋。车辆通常以每小时40千米的速度移动。例如，一辆大型车辆可以装载1 200袋不育蝇，每天可覆盖3 000公顷的区域范围。

高风险地区的补充预防性地面释放：基于风险相关的历史数据，某些地区需要采取预防性措施，释放更多的不育蝇。因此，需要在这些地区放置更多的纸袋，以保证不育蝇的密度高于常规密度。

热点区或监测区的补充性地面释放：热点区或监测区需要采取紧急应对措施的区域都需要释放更多的不育蝇。触发紧急应对措施的条件是两只以上成蝇，一只处于产卵期的雌蝇或发现了未达到性成熟的地中海实蝇。实施根除行动的区域要满足以下条件：

- 监测点周围半径200米（12.5公顷）以内放置10个袋子。根据经验，在12.5公顷的范围内应该有大约40 000只具有飞行能力的雄蝇（每袋8 000只虫蛹×85%羽化率×60%能飞率）。

- 监测点周围1平方千米（100公顷）的区域范围内放置100个纸袋。根据经验，预计在100公顷范围内约有400 000只具有飞行能力的不育雄蝇。

难以到达地区的补充性地面释放：对于某些飞机不易到达的地区（深谷、山区、雾区或其他气候恶劣地区）或禁飞区（机场、军事区）应采取补充措施加以覆盖。根据该地区的虫害情况，释放程序可参考常规释放或高危地区释放措施。

后备性地面释放：恶劣的气候条件导致航班取消的情况下，地面释放可以作为空中释放的后备性措施。这种情况下采用常规地面释放。

8.2　虫蛹的地面释放

目前虫蛹释放只是在澳大利亚成为成功的常规释放方法。虫蛹释放在其他地方的应用效果不佳，主要是因为鸟类、蚂蚁和其他掠食者会捕食羽化和展翅的不育蝇，导致不育蝇的大量损失。因此，该方法应用的关键前提是被捕食率低。

8.2.1　通用概念

虫蛹地面释放是指将虫蛹直接分布于野外，在没有人为干预的情况下，自然羽化和成熟。一般来说，捕食动物（鸟类、蚂蚁、蜥蜴和其他生物）数量小的区域，该方法取得的效果更好。提高蛹重也是非常重要的，因为大体重虫蛹通常具有更高的存活率和更强的竞争力（Dominiak等，2002）。这种方法的主要优点是释放成本低，几乎不需要任何基础设施的投入。然而，虫蛹释放对于许多地方并不合适，管理人员需要对实际情况做出评估。该方法最适合一些不需要考虑捕食问题的小规模释放项目。

虫蛹释放有一个显著优点，从释放到羽化的两天时间，虫蛹经历了外部气温的变化，因此成蝇可以更好地适应当地气候条件（Meats，1973；Meats，1984）。这一点对于在秋季和春季释放尤为重要，因为在恒温条件下保存的成虫在低温条件下不会飞行（低于17℃）（Dominiak等，2000a）。除了适应当地气候外，释放过程中虫蛹不会受到任何挤压，羽化完成后成蝇即会离开释放点。因此，虫蛹羽化时间可以延长，不受大多数成蝇释放所需的特定时间限制。与在一天内大量释放成蝇的地面释放方式相比，该方法可以让成虫的羽化和释放渐进式进行。

虫蛹释放可以使成虫有规律地飞离释放点，从而保证野外环境中的不育蝇数量稳定增加，而这个过程不需要项目执行人员再次进入释放区。过度拥挤和不规律的田间释放是成蝇地面释放项目的潜在短板。

8.2.2　覆盖式虫蛹释放

如果虫蛹在没有任何保护措施的条件下释放，如直接置于地面上，即使虫蛹的被捕食率很低，在气候条件尤其是高温的影响下，也不会取得成功。即使虫蛹已经羽化为成蝇，在某些虫蛹身上的染料标记也有很大可能被雨水或露水洗掉。因此，在没有保护的情况下，虫蛹地面释放的成功概率较低，未得到普遍应用。

覆盖式虫蛹地面释放方法尝试模仿自然环境下虫蛹在地下羽化成蝇的过程。采用覆盖式方法时，将虫蛹直接倒于地面，并用材料将其覆盖，形成一张1米宽的"床"，能覆盖80万只虫蛹，羽化率约80%（Dominiak和Webster，1998）。与在羽化过程中虫蛹可以移动的环境相比，"床"可以将虫蛹牢牢地固定，以减小羽化过程中的能量损失。研究人员对几种可以用作"床"的材料进行了评估。

（1）锯末

工作人员曾尝试使用干锯末，但硬木材料可能含有降低羽化率的有毒化合物。另外，可能需要向锯末中添加染料，作为对正常染色过程的补充（图8.8）（MacFarlane和betlinski，1987）。

图8.8　锯末材料的"床"（©FAO/昆士兰实蝇项目，澳大利亚）
注：研究人员正在评估羽化率和成蝇的存活率。表面不形成硬壳的"床"有利于实现虫蛹的最大羽化率。干的、粗糙的覆盖物可能对虫蛹造成伤害。

（2）沙子

研究人员还评估了几种类型的沙子。一般来说，沙子干燥后形成的硬壳不会影响羽化过程，但成蝇很难打破硬壳。建议使用清洗两遍的河沙（Dominiak等，2000b）。

（3）蛭石

成蝇羽化穿过干燥材料时，往往会导致昆虫表皮损伤，使其更容易流失水分和过早死亡。因此，潮湿的蛭石比干燥的蛭石效果更好，4升蛭石需要4升水（Dominiak等，2003b）。最理想的蛭石厚度为5～10厘米，根据不同的果蝇种类和不同的蛭石等级而定。潮湿的蛭石是较为理想的覆盖材料，在羽化过程中为虫蛹提供了保存空间，并有效防止了虫蛹重量的损失（Dominiak等，2002）。潮湿的蛭石也不会使蛹壳上的染料标记消失，但应避免让虫蛹直接接触到水滴。

8.3　虫蛹释放方法

目前有多种方法和材料可以用来覆盖虫蛹。最基础的技术是将用作"床"的材料（蛭石、沙子、锯末等）倒于地上（图8.9），厚度为25毫米，将虫蛹均匀地散布在"床"上，再用10毫米厚度的同种材料覆盖。这种方法有一些缺点，如果阳光过于强烈，虫蛹可能会过热而死。在一些地区，肉食蚂蚁可能会捕食正在羽化的虫蛹。蚂蚁无法取食覆盖住的虫蛹，但有些种类的蚂蚁可以取食暴露在外的虫蛹。鸟类（如乌鸦和海鸥）可能学会了通过扒地从"床"内

图8.9　使用托盘进行虫蛹释放

注：虫蛹倒入盘中以后用蛭石覆盖。在托盘上放置两块房砖，将两层托盘隔开，（见右图），使成蝇能够从空隙中飞出。

轻而易举地获得食物，但不同地区和不同品种的鸟类情况会有不同（Dominiak 等，2000a）。雨水可能会使羽化出的成蝇的身上的颜料颜色变浅，因此该方法可能更适合于干燥地区。该方法的优点是在没有任何资源投入情况下，一个位置可以放置多达80万只虫蛹（Dominiak 和Webster，1998）。

　　盛放虫蛹的理想容器是白色聚苯乙烯泡沫塑料盒（常用于向市场供应蔬菜，体积为30厘米×58厘米×29厘米）。这些泡沫塑料盒成本低、容易获得，且可以保温。在泡沫塑料盒上打洞或孔（3厘米×10厘米），可以让成蝇飞离。这些容器可以足够容纳24万只虫蛹，但通常只装入8万只虫蛹，覆盖6升潮湿的蛭石（Dominiak 等，2003b）。理想情况下，盒子的孔洞上应有覆盖物，防止雨水进入容器，使虫蛹或成虫溺死。泡沫塑料盒在每次重新装入虫蛹前，应每周进行幼虫粪便清理。天气较冷时，可以将容器置于离地面1米以上的地方，促进羽化，减少冰冷地面对虫蛹的影响。聚苯乙烯泡沫塑料盒也为虫蛹在极端气温下提供了保护。

　　成蝇从容器中飞出后从两个瓶中获取营养。瓶中的食物可以是水和糖，或者是蛋白质，这取决于不同品种的成蝇对食物的需求。放在泡沫塑料盒上的砖块可以防止风将其掀翻。在气候潮湿的地区，还应采取防止雨水进入盒子的措施（图8.10）。

图8.10　晚冬季节使用的泡沫塑料释放盒（©FAO/昆士兰实蝇项目，澳大利亚）

　　使用桶进行虫蛹的羽化和释放，成蝇可从桶上的孔洞飞离容器。食物和水装在小容器里并悬挂在桶中（图8.11）。桶可以悬挂在树上，但为了避免蚂蚁捕食虫蛹或成蝇，要修剪树枝。桶上的盖子可以防止雨水进入并降低虫蛹或成蝇被鸟类捕食的概率。

图8.11 使用桶进行虫蛹释放（©FAO/昆士兰实蝇项目，澳大利亚）

地面虫蛹释放可采用成本低廉的宠物饮水器提供食物（Dominiak等，2003b）。这些容器通常有3升的容量，可以提供1周所需的食物和水。

8.4 参考文献

Dominiak, B. C. and A. Webster. 1998. Sand bed release of sterile Queensland fruit fly *Bactrocera tryoni*(Froggatt) at Young, NSW. General and Applied Entomology, 28: 9-11.

Dominiak, B. C., M. Cagnacci, T. Rafferty, and I. M. Barchia. 1998. Field cage release of sterile Queensland fruit fly *Bactrocera tryoni*(Froggatt). General and Applied Entomology, 28: 65-71.

Dominiak, B. C., L. J. McLeod, and M. Cagnacci. 2000a. Review of suppression programme using three ground release methods of the sterile Queensland fruit fly *Bactrocera tryoni*(Froggatt) at Wagga Wagga, NSW, in 1996/97. General and Applied Entomology, 29: 49-57.

Dominiak, B. C., L. J. McLeod, R. Landon, and H. I. Nicol. 2000b. Development of a low-cost pupalrelease strategy for Sterile Insect Technique (SIT) with Queensland fruit fly and assessment of climatic constraints for SIT in rural New South Wales. Australian Journal of Experimental Agriculture, 40: 1021-1032.

Dominiak, B. C., S. Sundralingham, A. J. Jessup, and I. M. Barchia. 2002. Pupal weight as a key indicator for quality of mass produced adult Queensland fruit fly *Bactrocera tryoni*(Froggatt) (Diptera: Tephritidae) in 1997/1998. General and Applied Entomology, 31: 17-24.

Dominiak, B. C., A. E. Westcott, and I. M. Barchia. 2003a. Release of sterile Queensland fruit fly *Bactrocera tryoni*(Froggatt)(Diptera: Tephritidae), at Sydney, Australia. Australian Journal of Experimental Agriculture, 43: 519-528.

Dominiak, B. C., L. J. McLeod, and R. Landon. 2003b. Further development of a low-cost release method for sterile Queensland fruit fly *Bactrocera tryoni*(Froggatt) in rural New South Wales. Australian Journal of Experimental Agriculture, 43: 407-417.

Horwood, M. A. and P. J. Keenan. 1994. Eradication of Queensland Fruit Fly. Final Report CT 336. Horticultural Research & Development Corporation. Australia.

James, D. J. 1992. Evaluation of the sterile insect technique as a management tool for Queensland fruit fly. Final Report. Project H/011/RO. Horticultural Research & Development Corporation,32 pp.Australia.

Meats, A. 1973.Rapid acclimatization to low temperatures in Queensland fruit fly, *Dacustryoni*. Journal of Insect Physiology, 19: 1903-1911.

Meats, A. 1984. Thermal constraints to the successful development of the Queensland fruit fly in regimes of constant and fluctuating temperature. Entomol. Exp. Appl, 36: 55-59.

MacFarlane, J. R., and G. A. Betlinski. 1987. Biological control of the Queensland fruit fly. Research Report Series No 75. Department of Agriculture and Rural Affairs, 20 pp. ISSN 0816-7990.

Perepelicia, N., P. Bailey, B. Baker, and A. Jessup. 1994. The integrated chemical and sterile fruit flyrelease trail No. 2 to eradicate Queensland fruit fly at Aldinga Beach, suburb of Adelaide. Primary Industries South Australia, 32 pp.

Meats, A. W., R. Duthie, A. D. Clift, and B. C. Dominiak. 2003. Trials on variants of the Sterile Insect Technique (SIT) for suppression of populations of the Queensland fruit fly in small towns neighbouring a quarantine (exclusion) zone. Australian Journal of Experimental Agriculture ,43: 389- 395.

Salvato, M., Hart, G., Holler, T., and Roland, T. 2003. Release of sterile Mediterranean fruit flies, *Ceratitis capitata*(Diptera: Tephritidae), using an automated ground release vehicle. Biocontrol Science and Technology, 13: 111-117.

Sproule, A.N., S. Broughton, and N. Monzu, (eds). 1992. Queensland fruit fly eradication campaign.Department of Agriculture, Western Australia, Perth, 216 pp.

9 不育蝇的释放密度

流程图步骤5

9.1 确定不育蝇释放密度的因素（Hendrichs等，2005）

9.1.1 害虫聚集

除了害虫绝对种群密度之外，种群聚集度或分散度也是重要因素。通常，不育昆虫由飞机释放，因此不育昆虫在靶标地区分布相当均匀，但不考虑靶标害虫是均匀分布还是聚集分布。与均匀分布的害虫相比，聚集分布的害虫需要更高的释放比率（Barclay，2005），才能获得所需的不育蝇与野生雄蝇的比率（Vreysen，2005），因此害虫聚集也影响策略的选择及其成本。只有释放的不育昆虫与野生昆虫在同一地点并以同样的方式聚集，才能达到所需的不育昆虫与野生雄性昆虫的比率。因此不需要因为害虫聚集特意提高释放比率。

9.1.2 不育雄虫的寿命

田间不育雄虫种群密度是随着释放频率和不育雄虫死亡率的不同而波动的，其密度不能低于需要达到的临界释放比（图9.1，上图）（Barclay，2005；Kean等，2005）。因此，需要根据不育雄虫的平均寿命或存活率来谨慎地评估释放频率和释放的不育雄蝇的数量，从而有效地避免田间出现不育雄蝇不足的状况（图9.1，下图）。

由于多化性昆虫存在世代重叠现象，必须持续地释放该品种的害虫，根据存活状况决定是一周释放一次（新大陆螺旋蝇）、一周释放两次（地中海实蝇、采采蝇）、还是一天释放一次（棉红铃虫）。这里需要强调的是：评估自然栖息地不育雄虫的成活状况很重要，因为它们在开放田间环境的实际存活力常常大大低于在保护性环境下的存活力，在保护环境下，不育雄虫易于获得食

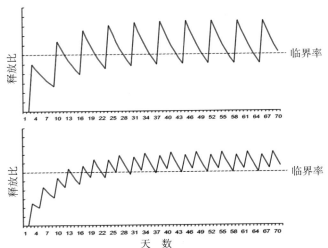

图9.1　不育昆虫的寿命对不育昆虫和野生昆虫释放比的影响
（假定不育雄虫的日死亡率为0.1）

注：上图：由于每周释放一次，不育昆虫种群显著下降到临界率以下；
下图：每周释放两次解决了上图的问题（Hendrichs等，2005）

物，并不易被捕食（Hendrichs等，1993）。此外，大规模饲养条件下往往会无意地选中寿命短的个体（Cayol，2000）。虽然较短的寿命并不能直接代表竞争力，但是通常需要较高的释放频率，因此与较长寿命的不育虫相比，短寿命的不育蝇项目成本显著提高（Hendrichs等，2005）。

在野外中不同品种的不育蝇预期寿命不同，从几天到几周不等。就昆士兰实蝇来说，释放后的3～4周里绝大多数（约80%）能够被重新捕获（Dominiak和Webster，1998；Dominiak等，2003a；Meats，1998）。就地中海实蝇来说，释放24小时后（Cunningham和Couey，1986），用Steiner诱捕器以地中海实蝇性诱剂为诱饵捕获了释放不育蝇总量的94%。

9.1.3　靶标区域的地形和其他条件

靶标区域的地形和道路密度对方案的实施和干预策略的选择具有重大影响。平坦的地形和良好的路网有助于田间活动的开展（包括某些情况下的地面释放）。然而，多山区域、茂密植被和道路不通将会使项目实施变得复杂。大多数规模较大的项目是利用飞机（通常用固定翼飞机）开展不育蝇释放和某些降低虫害的活动，因此地形和路网的存在或缺失就不那么关键了。然而，大多数情况下，监测是基于地面的，极端地形条件使害虫根除策略（需要进行密集的监测）比种群控制策略（需要的监测较少）更加复杂、花费更高。另外，道路网络欠佳，反而便于建立有效的隔离措施，有助于根除策略的实施。旅行者经常携带水果（有些水果是被果蝇侵染的），而探亲访友携带水果作为礼物在一些文化中也很常见。虽然一些果蝇本身飞不太远，但是却可以通过感染水果随旅行者沿路网流动（Dominiak等，2000）。即使得以成功根除，果蝇也会通过感染水果再度入侵，因此控制或排除这种水果沿路网进入的风险是昆虫不育项目的关键组成部分。

地形结构同样影响不育蝇需求量或诱饵喷洒量，例如，山区和平原相比，每平方千米表面积较大，需要更高的不育蝇释放比率。此外，考虑到复杂地形飞行安全和对峡谷地带的处理，通常采用直升机，而直升机比固定翼飞机成本更高。

一些生产区的周边是沙漠环境（Mavi和Dominiak，2001），或称之为被乡村沙漠包围的生产绿洲。澳大利亚、智利和墨西哥会出现这种情况，但没有必要对周围环境进行处置，因为野生果蝇和不育果蝇在沙漠中无法存活。然而，在大多数热带和亚热带地区，或环境相似的地方，就需要对更大的区域进行处置。可用通过建立模型来评估是否符合上述沙漠和绿洲的存在条件（Yonow和Sutherest，1998；Yonow等，2004；Dominiak等, 2003a）。

9.2　评估释放密度

在果蝇感染区的行动方案中，为了确定不育蝇的释放密度，首先要确定野生种群密度水平。精确测量绝对种群密度的方法请参见：Ito和Yamamura，2005；粗略的评估方法参见国际原子能机构2003年的捕获方案。

步骤如下：

这个步骤假定释放的不育蝇和野生蝇对诱捕器的反应是相同的。

- 针对可育蝇（野生）群体，计算每天每个诱捕器捕获的蝇数（FTD_{wild}）：

$$FTD_{wild} = \frac{捕获的野生蝇总数}{（诱捕器总数）\times（野外平均天数）}$$

- 计算的每个诱捕器每天捕获的不育蝇数量（$FTD_{sterile}$）

$$FTD_{sterile} = \frac{再次捕获的不育蝇总数}{（诱捕器总数）\times（野外平均天数）}$$

- 利用上述信息计算野外不育蝇与野生蝇的比例（Ratio）：

$$FTD_{sterile}/FTD_{wild}=Ratio$$

- 根据项目实施目标计算适用的不育蝇：可育蝇(S：F)的比例（表9.1）。

表9.1　根据项目实施目标制定的最小推荐初始释放比例

项目实施目标	平均比例（地中海实蝇）*
抑制	（25 ~ 100）：1
根除	（100 ~ 150）：1
遏制	（50 ~ 150）：1
预防性释放**	（25 ~ 50）：1

注：*最小不育蝇：野生蝇（S：W）比例。由于采取了种群抑制策略和昆虫不育技术，每个诱捕器每天的可育蝇（$FTD_{fertile}$）在减少，最小S：W比例会继续提高。**推荐的比例要确保不育蝇最低数量大于潜在的入侵量。基于的假设是：一只野生蝇每个周期被每个诱捕器捕获一次，不管实际情况是否如此。

- 如果计算出的S：F的比例不能满足项目实施的目标（表9.1），则释放不育昆虫之前需要实施其他的非SIT的抑制措施（如诱剂），或者增加不育蝇释放数量来提高不育蝇和野生蝇的释放比。只有$FTD_{fertile}$达到0.1时，才开始释放不育蝇。0.1是一个粗略值，除非是在热点地区，FTD值大于0.1时一般不推荐使用不育昆虫（IAEA，2003）。

S：W的比例会在控制过程中不断提高。只要抑制措施使$FTD_{fertile}$持续下降，而释放的不育蝇数量不变，S：W的比例就会持续提高（图9.2）。

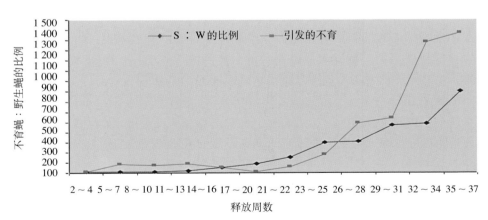

图9.2　提高S：W的比例对SIT控制产生的结果

不育蝇的重捕量受释放机制、释放速率、捕获效率的季节变化和环境状况（如地形、植被和宿主密度）的影响。图9.3描述了绿洲环境下释放速率对不育蝇FTD的影响，其中绿洲北部每公顷释放的不育蝇为500 ~ 1 000只，绿洲东部为1 000只。图9.4描述了与图9.3同一区域中气候条件的变化对不育

FTD变化的影响。项目经理在确定最适不育蝇释放量时，要考虑到这些因素的影响，才能维持需要的不育蝇与野生蝇的比例。

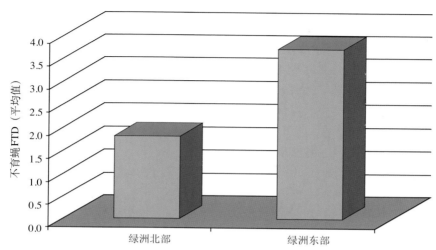

图9.3 2004—2005年阿根廷门多萨省的绿洲北部（每公顷500～1 000只不育蝇）和东部（每公顷500～1 000只不育蝇）通过纸袋释放的释放密度对不育蝇FTD的影响

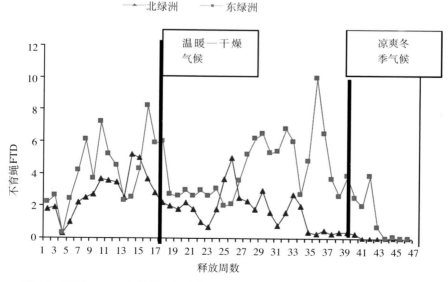

图9.4 2004—2005年阿根廷门多萨省的绿洲北部和东部气候条件的变化对不育蝇FTD的影响

危地马拉和墨西哥恰帕斯州的"区域地中海实蝇计划"利用Excel制表计算器，可以计算空中释放区的不育蝇释放密度以及每个区域的不育蝇与野生蝇的比例（Rendon，2010）。项目经理在区域计划中应用该软件模型的方法如下：

为了达到诱捕目的，在每个空中释放区放置Phase IV诱捕器和Jackson诱捕器，比例为9∶1。项目实施时平均密度为每平方千米2个诱捕器。Phase IV诱捕器（与应用更加广泛的Multilure诱捕器具有相似功能）以食诱剂或Biolure合成饵剂为诱饵来捕获野生蝇（平均60％雌蝇和40％雄蝇），特制雄性Jackson诱捕器只是针对雄蝇，以地中海实蝇性诱剂（Trimedlure）来捕获野生雄蝇和不育雄蝇（图9.5）。这样的诱捕配置可以每周对不育蝇∶野生蝇（S∶W）的释放比例进行评估。计算S∶W时，记录所有的Phase IV和Jackson诱捕器捕获的雄蝇和雌性野生蝇，但只考虑Phase IV捕获器捕获的不育雄蝇。计算中把Jackson诱捕器捕获的雄蝇排除在外，原因是项目数据显示Jackson诱捕器捕获的不育雄蝇数量大约是使用食诱剂或Biolure合成饵剂的Phase IV诱捕器捕获数目的7倍多。在同一地区持续高密度释放不育雄蝇，当该地区安置了包括Jackson诱捕器在内的诱捕网络时，不育雄蝇的重新捕获率会比野生雄蝇高。为解决这一问题，避免造成田间不育雄蝇数量过高的信息偏差，在计算不育雄蝇的重捕时不考虑Jackson诱捕器。此外，对于野生蝇的捕获，食诱剂或Biolure诱捕器和Jackson诱捕器捕获的野生蝇数量相似，但是食诱剂诱捕器更倾向于捕获未交配和已交配的雌蝇（图9.6）。

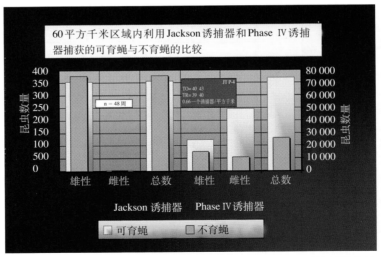

图9.5 利用Jackson/Trimedlure诱捕器和Phase IV/Biolure诱捕器捕获的可育蝇和不育蝇的数量

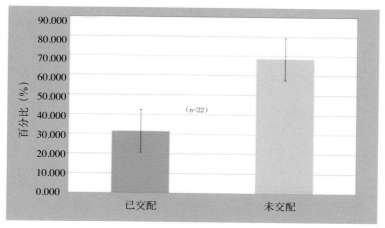

图9.6   Phase IV 诱捕器捕获的已交配雌蝇和未交配雌蝇的比例

注：使用 Phase IV 诱捕器合成食诱剂捕获的野生地中海实蝇雌蝇的交配状况（2012年危地马拉咖啡种植园）。

应用 Excel 制表计算器的流程：

- 计算不育蝇：野生蝇比例时排除 Jackson 诱捕器捕获的不育雄蝇，只使用 Phase IV 诱捕器食诱剂的单次重捕率进行计算。首先确定不育蝇和野生蝇的 FTD 值，即每个诱捕器每天捕获的蝇数，然后把两者相除，即 $FTD_{sterile}/FTD_{wild}=S：W$。

- FTD＝捕获的蝇数（不育或野生）/区域内诱捕器总数 × 每个诱捕器在田间置放的天数（7天或14天为一个捕获周期）

- 对释放密度进行调整时，建议收集4周的项目数据信息，观察害虫群体的趋势，减少数据偏差，提高决策的准确度。

- 在没有捕获野生蝇的情况下，每个释放区捕获的野生蝇分别为0.25、0.50和1.0时，则假定该区域为无蝇区、低流行区、抑制区。野生蝇为0时，Excel 模型无法计算不育蝇密度的推荐值。这样，为了在靶标区域保持不育雄蝇的持续释放，在特殊区域假定一个接近的比率。假定每月捕获1只，则等同于无蝇区每周捕获0.25只，低流行区每月捕获2只，抑制区域每月捕获4只。

- 计算中使用的 S：W 来自田间试验数据（图9.7），是有持续宿主，如咖啡种植园的最优不育蝇密度和 S：W 的比例（Rendon，2008）。利用这些数据确定 S：W，适用于无蝇区的预防和根除、低流行区的预防和根除，以及抑制区的抑制和遏制（表9.2）。当海岸区域、高地山谷和山区并且有混合的和分散的果实宿主使用推荐的比例时，需要进行验证。

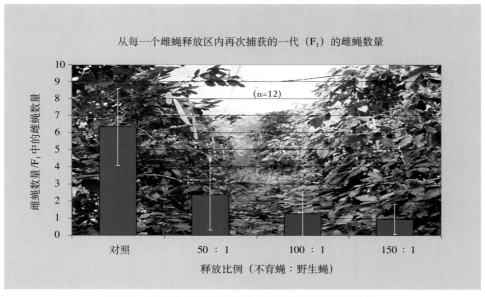

图9.7　用于种群控制和根除的不育蝇与野生蝇比例

表9.2　每个工作区域靶标目标的合适比例

工作区	目　　标	不育蝇：野生蝇
无蝇区	预防性释放	（25 ~ 50）：1
	根除	（150 ~ 200）：1
低流行区	预防性释放	（25 ~ 50）：1
	根除	（150 ~ 200）：1
抑制区	抑制	（100 ~ 150）：1
	遏制	（25 ~ 50）：1

　　表9.3来自FAO/IAEA诱捕指南（FAO、IAEA, 2003）。其中用FTD值（野生种群规模）定义了害虫区域状态（侵染、抑制、根除和预防）。在这一背景下，基于当地实施项目的数据，当FTD值低于0.05时，以根除为目标的项目采用不育昆虫是最优的选择。可以通过其他减少种群数量的方法达到上述FTD值，如采用空中和地面的诱剂喷洒、诱饵站点、其他的生物控制措施和机械控制（如摘除果实）。野生种群数量减少到小于0.05 FTD$_{wild}$，或当S：W达到适宜比例时，可以在较低的不育昆虫释放率的条件下达到根除害虫的效果（表9.2，图9.7）。

表9.3 诱捕情景列表

诱捕调查	诱捕应用			
	侵染区 FTD > 1	抑制区 FTD: 0.1 ~ 1	根除区 FTD: 0.0 ~ 0.1	预防区 （遏制、排除） FTD: 0.0 ~ 0.0
监控	x	x	x	
划界		x	x	
监测				x

注：FTD = 蝇数 / 诱捕器数 / 天数（Fly/Trap/Day）（参考值）。

表9.4和图9.8为连续5周根据需要进行调整的释放密度。

表9.4 依据抑制区 S ： W 的比例计算得到所需要的不育蝇的释放密度

周数	每公顷释放蝇数	每平方千米释放的蝇数	FTD_w（♂ + ♀）	FTD_s（♂）	当前S : W	所需要的S : W	新的每平方千米不育蝇数	新的每公顷不育蝇数	FTD_w	密度上限（每公顷不育蝇数）
1	5 000	500 000	0.023 3	3.152 9	135	150	554 252	5 543	0.05	6 000
2	5 543	554 300	0.014 8	2.920 4	197	150	421 362	4 214	0.05	6 000
3	4 214	421 400	0.015 0	2.015 6	134	150	470 406	4 704	0.05	6 000
4	4 704	470 400	0.012 5	1.823 0	145	150	484 979	4 850	0.05	6 000
5	4 850	485 000	0.017 1	2.480 5	145	150	502 779	5 028	0.05	6 000

注：FTD_w = 0.05，是 Moscamed 项目设定的采用 SIT 达到种群抑制目的的害虫种群数量上限。

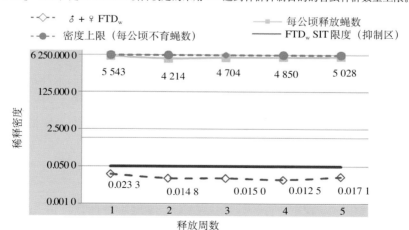

图9.8 不育雄蝇与野生雄蝇为150 ： 1时所需的不育蝇每公顷释放蝇数与抑制区内居留型种群的每天每个诱捕器捕获的雄蝇数（FTD）的比较

表9.5和图9.9展示了连续5周根据需要进行调整的释放密度。

表9.5　依据根除区S：W的比例计算得到所需要的不育蝇释放密度

周数	每公顷释放蝇数	每平方千米释放的蝇数	FTD$_w$（♂+♀）	FTD$_s$（♂）	当前S：W	所需要的S：W	新的每平方千米不育蝇数	新的每公顷不育蝇数	FTD$_w$	密度上限（每公顷不育蝇数）
1	3 000	300 000	0.009 8	2.152 9	220	200	273 120	2 731	0.01	3 000
2	2 731	273 100	0.008 5	1.920 4	225	200	242 895	2 429	0.01	3 000
3	2 429	242 900	0.008 0	2.015 6	253	200	192 334	1 923	0.01	3 000
4	1 923	192 300	0.007 0	1.998 0	286	200	134 552	1 346	0.01	3 000
5	1 346	134 600	0.003 6	2.018 9	562	200	47 869	479	0.01	3 000

注：FTD$_w$ = 0.01，是Moscamed项目设定的采用SIT达到种群根除目的的害虫种群数量上限。

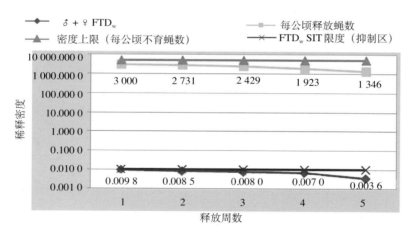

图9.9　不育雄蝇与野生雄蝇为200：1时每公顷所需不育蝇的释放蝇数与低流行区内居留型种群的每天每个诱捕器捕获的雄蝇数（FTD）的比较

　　使用Excel模型计算需要调整的不育蝇的释放密度，使不育蝇达到最大的使用效果，这也是大面积SIT项目的基础。当现有的S：W的比例和FTD$_w$低于或高于达到项目目标［控制、根除、预防（竞争、排除）］所需要的值，模型可以根据初始密度计算出一个调整密度（高于或低于初始密度）。在上述种群根除计划示例中，模型计算调整的不育蝇密度逐周降低。这是由于S：W的实际比例高于目标设定值200：1，而FTD$_w$值低于目标设定值0.01。上述示例中，连续5周，S：W的比例为220、225、253、286和562，FTD$_w$为0.009 8、0.008 5、0.008 0、0.007 0和0.003 6，如表9.5和图9.9所示。把初始不育蝇密度从3 000只/公顷调整到1 346只/公顷不会影响根除目标的实现，节约了项目成本。也可能发生与之相反的情况，这时初始不育蝇的密度不能达到目标所需的200∶1，因此FTD$_w$超过了害虫种群数量上限（0.01）。这时模型将把密度值调整为比初始值更高的值。

　　表9.6列出了现有的SIT项目、项目目标和不育昆虫的实际释放密度。采用大面积昆虫不育技术的项目，在确定不育昆虫的释放密度时，要考虑项目实施的条件，如估算野生蝇的FTDs、项目目标（控制、根除等）和设定超大比例等。实际操作中超大比例（不育蝇∶野生蝇）数值不等，从50∶1（Wong等，1986）到200∶1，最高达1 000∶1（Fisher等，1985；McInnis等，1994）。

表9.6　不同果蝇SIT项目的释放密度及其项目目标

国　　家	果蝇种类	目标	空中释放密度 （每公顷不育雄蝇的数量）	主要宿主和区域特征
阿根廷	地中海实蝇 (*C. capitata*)	根除 预防	500～3 000 250～1 500	核果类和软质果实（桃、李、苹果和其他水果） 绿洲—山谷，伴有极端高温或低温
澳大利亚	昆士兰实蝇 (*B. tryoni*)	预防 根除	1 000 不详	软质果实(番茄)或核果类(桃、李子)地势平坦、气候干燥
巴西	地中海实蝇	抑制	1 000～2 000	芒果和葡萄 山谷中的亚热带气候
智利	地中海实蝇	预防 根除	1 500～2 500 >3 000	番石榴、芒果 被山和沙漠环绕的封闭山谷
危地马拉	地中海实蝇	遏制 根除	5 000	单作咖啡，混合宿主 乡村地区和沿海地区、山谷和山区
以色列	地中海实蝇	根除 抑制	1 000	柑橘和城市后院中存在的宿主
日本 (冲绳岛)	瓜实蝇 (*B.cucurbitae*)	预防	不详	园地作物和城市后院中存在的宿主
约旦	地中海实蝇	根除	1 000	柑橘和城市后院中存在的宿主
墨西哥	地中海实蝇	根除	2 000～5 000	单作咖啡，混合宿主 乡村地区和沿海地区、山谷和山区
墨西哥	墨西哥按实蝇 (*A. ludens*)	抑制	2 500	柑橘、番石榴、芒果产区 沿海地区、绿洲、山区
墨西哥	西印度按实蝇 (*A. obliqua*)	抑制	2 500	芒果 沿海地区和山区
秘鲁	地中海实蝇	根除	1 000～2 000	橄榄 绿洲

（续）

国　　家	果蝇种类	目标	空中释放密度（每公顷不育雄蝇的数量）	主要宿主和区域特征
葡萄牙（马德拉岛）	地中海实蝇	抑制	3 000 ～ 5 000	果实和蔬菜
西班牙	地中海实蝇	抑制	1 000 ～ 2 000	柑橘
南非	地中海实蝇	抑制	1 200	葡萄 半干旱气候，有灌溉
泰国	东方果蝇（B. dorsalis）	抑制	5 000	芒果园试验区，不封闭
	番石榴实蝇（B. correcta）	抑制	5 000	
美国（加利福尼亚州）	地中海实蝇	预防 根除	250 1 000	城市（丛林）果实和蔬菜 多变气候和地形
美国（佛罗里达州）	地中海实蝇	预防 根除	500 1 000 ～ 1 400	柑橘和城市中存在的宿主 沿海地区、热带
美国（夏威夷州）	瓜实蝇	抑制	不详	瓜果，南瓜热带
美国（得克萨斯州）	墨西哥按实蝇	抑制	650	柑橘和城市中存在的宿主 半干旱气候，有灌溉

注：根据羽化百分比和雄蝇能飞率进行调整。

9.3　参考文献

Barclay, H. J. 2005. Mathematical models for the use of sterile insects. *In* V. A. Dyck, J. Hendrichs and A. S. Robinson (eds.). Sterile Insect Technique: Principles and practice in area-wide integrated pest management. Springer, Dordrecht, Netherlands.

Cayol, J. P. 2000. Changes in sexual behaviour and life history traits of tephritid species caused by mass rearing processes. *In* M. Aluja and A.L. Norbom (eds.), Fruit flies (Tephritidae): phylogeny and evolution of behaviour. CRC Press, Boca Raton, FL, USA.

Cunningham, R. T. and Couey, H. M. 1986. Mediterranean fruit fly (Diptera: Tephritidae): distance/response curve to trimedlure to measure trapping efficiency. Environmental Entomology, 15: 71-74.

Dominiak, B. C., and A. Webster. 1998. Sand bed release of sterile Queensland fruit fly *Bactrocera tryoni* (Froggatt) at Young, NSW. General and Applied Entomology, 28: 9-11.

Dominiak, B. C., M. Campbell, G. Cameron, and H. Nicol. 2000. Review of vehicle inspection historical data as a tool to monitor the entry of hosts of Queensland fruit fly *Bactrocera tryoni* (Froggatt) (Diptera: Tephritidae) into a fruit fly free area. Australian Journal of Experimental Agriculture, 40: 763-771.

Dominiak, B. C., A. E. Westcott, and I. M. Barchia. 2003a. Release of sterile Queensland fruit fly *Bactrocera tryoni* (Froggatt) (Diptera: Tephritidae) at Sydney, Australia. Australian Journal of Experimental Agriculture, 43: 519-528.

Dominiak, B. C., L. J. McLeod, and R. Landon. 2003b. Further development of a low cost release method for sterile Queensland fruit fly *Bactrocera tryoni* (Froggatt) in rural New South Wales. Australian Journal of Experimental Agriculture, 43: 407-417.

(FAO) Food and Agriculture Organization of the United Nations. 2006. Requirements for the establishment and maintenance of pest free areas for tephritid fruit flies. Draft ISPM. International Plant Protection Convention (IPPC). FAO, Rome. Italy.

FAO/IAEA. 2003. Trapping guidelines for area-wide fruit fly programmes. Insect Pest Control Section of the Joint FAO/IAEA Division, International Atomic Energy Agency. Vienna, Austria November 2003.

Fisher, K. T., A. R. Hill, and A. N. Sproul. 1985. Eradication of *Ceratitis capitata* (Widemann) (Diptera: Tephritidae) in Carnarvon, Western Australia. Journal of the Australian Entomological Society, 24: 2007-2008.

Hendrichs, J., V. Wornoayporn, B. I. Katsoyanos, and K. Gaggl. 1993. First field assessment of the dispersal and survival of mass reared sterile Mediterranean fruit fly of an embryonal temperature sensitive genetic sexing strain. *In* proceedings: management of Insect Pest: Nuclear and related Molecular and Genetic Techniques. FAO/IAEA International Symposium, 19-23 October 1992, Vienna, Austria. STI/PUB/909. IAEA, Vienna, Austria.

Hendrichs J., M. J. B. Vreysen, W. R. Enkerlin, and J. P. Cayol. 2005. Strategic Options in Using Sterile Insects for Area-Wide Integrated Pest Management. *In* V. A. Dyck, J. Hendrichs and A. S. Robinson (eds.), Sterile Insect Technique: Principles and practice in area- wide integrated pest management.

Springer, Dordrecht, Netherlands.

Itô Y., and K. Yamamura. 2005. Role of Population and Behavioural Ecology in the Sterile Insect Technique. *In* V. A. Dyck, J. Hendrichs and A. S. Robinson (eds.), Sterile Insect tTechnique: Principles and practice in area-wide integrated pest management. Springer, Dordrecht, Netherlands.

(IAEA) International Atomic Energy Agency. 2003. Trapping Guidelines for Area-Wide Fruit Fly Programmes. Joint FAO/IAEA Programme. Vienna, Austria, 47 pp.

ISPM 26. 2006. Establishment of pest free areas for fruit flies (Tephritidae). IPPC, FAO, Rome.

Kean, J. M., S. L. Wee, A. E. A. Stephens, and D. M. Suckling. 2005. Population models for optimising SIT eradication strategies. *In* Book of Extended Synopses. FAO/IAEA International Conference on Area-wide Control of Insect Pests: Integrating the Sterile Insect and Related Nuclear and Other Techniques, 9-13 May 2005, Vienna, Austria, Poster Number IAEA- CN-131/20P. IAEA, Vienna, Austria.

McInnis, D. O., S. Tam, C. Grace, and D. Miyashita. 1994. Population suppression and sterility rates induced by variable sex ratio, sterile insect release of *Ceratitis capitata* (Diptera: Tephritidae) in Hawaii. Annals of the Entomological Society of America, 87: 231-240.

Mavi, H.S., and Dominiak, B.C. 2001. The role of urban landscape irrigation in inland New South Wales in changing the growth potential of Queensland fruit fly. Geospatial Information and Agriculture Conference. 5th Annual Symposium, 17-19 July 2001. Sydney, 224-234.

Meats, A. 1998. Predicting and interpreting trap catches resulting from natural propagates or releases of sterile fruit flies. An actuarial and dispersal model tested with data on *Bactrocera tryoni*. General and Applied Entomology, 28: 27-38.

Rendón, P. 2008. Induction of sterility in the field. Proceedings of the 7th Meeting of the Working Group on Fruit Flies of the Western Hemisphere. Nov. 2-7, 2008, Mazatlan, Sinaloa, Mexico(http://www.tephrid.org/twd/news_files/88_memoria.pdf).

Rendón, P. 2010. Release densities. Design of an Excel spreadsheet for the release of sterile insects. Moscamed Program, Guatemala, Central America (Excel file).

Vreysen, M. J. B. 2005. Monitoring Sterile and Wild Insects in Area-Wide Integrated Pest Management Programmes. *In* V. A. Dyck, J. Hendrichs and A. S. Robinson (eds.), Sterile Insect Technique: Principles and practice in area-wide integrated pest management. Springer, Dordrecht, Netherlands.

Wong, T., R. Koybayashi, and D. McInnis. 1986. Mediterranean fruit fly (Diptera: Tephritidae) methods of assessing the effectiveness of sterile insect releases. Journal of Economic Entomology, 79: 1501-1506.

Yonow, T., and R.W. Sutherest. 1998. The geographical distribution of the Queensland fruit fly, *Bactrocera (Dacus) tryoni*, in relation to climate. Australian Journal of Agricultural Research, 49: 935-953.

Yonow, T., M. P. Zalucki, R. W. Sutherest, B. C. Dominiak, G. F. Maywald, D. A. Maelzer, and D. J. Kriticos. 2004. Modelling the population dynamics of the Queensland fruit fly *Bactrocera (Dacus) tryoni*; a cohort-based approach incorporating the effects of weather. Ecological Modelling, 173: 9-30.

10 GPS-GIS在不育蝇释放项目中的应用

流程图步骤5

地理信息系统（GIS）是用来获取、存储、分析和显示地理信息以支持决策过程的计算系统。全球定位系统（GPS）是20世纪70年代由美国国防部（DoD）开发的覆盖世界每一个地方的定位系统。这两个系统配合以信息技术（IT），尤其是数据库（DB）的应用，取得了长足的进步，现在任何人都可以使用。同时，它们的成本也大大降低了。

在GPS-GIS没有开发之前，无论是在地面还是在空中，飞行和不育昆虫的释放都是靠肉眼观察。工作人员驻守在地面的不同地点，用旗帜和气球来引导飞机沿着飞行路线飞行，并界定释放区，这是非常不精确和耗时的操作，在条件恶劣的环境中有时需要大量的工作人员。另外，飞行员需要通过标志看到飞行区域，通常很难确定。地图不多，即使有地图也往往是过时的版本。

利用当前GPS-GIS功能，飞机的确切位置和航线能够在飞行中真实地记录和核实。每次飞行后，相关数据被如实地记录和提供，包括飞机位置、地理坐标（纬度/经度）或者投影坐标（x, y）、海拔高度、飞行速度、释放的飞行航线数、航线离差、飞行时间、释放区内完成释放所用的时间、释放机器的速率以及释放机器是运转还是关闭等。

10.1 绘制释放区的地图

划定项目区后，通常要使用可以获得的最新版的地图来确定怎样释放、在哪里释放。将界定区域边界的点输入开源或商业GIS制图系统中，系统利用这些数据以及航线间隔和飞行方向来绘制飞行航线。如果没有地图或者在地图发布后变动较大，这些系统仍旧可以使用。

90

在GIS支持下，能够完成释放多边形（区域或区块）的设计。为了充分描述多边形区域，需要地形（地貌）、宿主可获得性、野生昆虫种群等GIS图层。地形决定了航线，特别是有陡坡的地形，此时航线必须与主坡垂直。

完成设计释放多边形区域和飞行航线后，估算覆盖释放区域的飞行时间以制定预算和安排日程。

利用提供的数据，系统可以绘制边界和航线，或者通过飞行记录仪的数据记录边界。然后，利用制图系统绘制出实际的释放区域和飞行路线。所有记录下来的数据都可以下载，有一些系统还可以对飞行进行实时监测。

当前，能够用来绘制释放区域的GIS软件有两种：
- 非公开的软件，如ESRI公司的ArcGIS。
- 开源软件（FOSS），如Quantum GIS。

非公开的和FOSS软件在很大程度上都可以满足空中释放的设计、支持和跟踪的需求。

非公开软件需要得到许可才能使用，通常价格昂贵，不利于在小型项目中应用。尽管FOSS几年前还不太好用，但是现在已经成为广泛应用的工具，并且具有几乎所有的非公开软件的特性。

GIS软件可以用来设计曲线释放路径，更适合形状不规则的释放区。释放路径必须是平行的，且飞行距离是预先确定的。蛇行航线有助于缩短飞行时间，显著降低成本。

如果是沿着很长的曲线路径释放，则无需满足上述条件，但系统必须能够兼容含有大量的信标和坐标的跟踪文件（图10.1）。

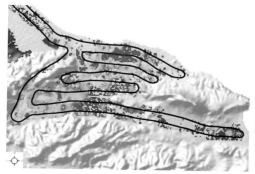

图10.1　不规则形释放区和采用的曲线释放路径(©FAO/Moscamed项目，墨西哥、危地马拉、美国)

注：左图颜色等级描述了期望得到的释放密度；右图展示了计算的在释放路径上每个信标的释放比。

10.2 空中释放对 GPS-GIS 系统的一般要求

系统必须能够记录和显示飞机从起飞到降落的整个飞行的日期和时间，并记录和显示标准飞行与释放系统开启和关闭时飞行之间的区别。系统应提供即时偏差指示并足够精确，以保证飞机飞行在预期的航线上。还应具备其他特征：

- 可以显示释放多边形区域的袖珍移动地图，能够在飞机进入或飞出该区域时对飞行员进行提醒。飞行员能够用该地图在释放区内让飞机转弯。
- 软件设计的平行偏移增量要等于所采用飞机的指定刈幅。
- 飞行中的系统必须能够管理两个或更多的释放区。
- 系统能够在设定的"禁入地区"（不能或者没有必要进行释放的区域）关闭释放机。
- 系统应该具备根据需求释放不同密度昆虫的能力。
- 飞机上要安装航向偏差指示器（CDI）或航向偏差光带，指示器应安装在飞行员视线范围内，而不用低头看。CDI 必须能够让飞行员对航线偏离标准进行调节，起始标准是 1 米或更小。
- 系统要向飞行员显示当前航道号和轨道面法向错误。可采用手工或自动的方法设定预先航道。如果选择自动，飞行员必须能够采用超驰优先模式重复采用单条或多条航线。
- 系统必须装配软件进行飞行数据的记录，带有系统存储能力，至少能够存储 4 个小时的持续飞行日志数据集，可以设置任何时间或距离的间隔。完整的日志记录包括位置、时间、日期、海拔、地面速度、轨道面法向错误、释放开关显示、昆虫释放机运转或 PRM 监测、飞机注册号、飞行员姓名、工作名字或号码。
- 系统应该配备传感器来记录其他需要的信息，如释放机器里的湿度和温度，以及天气参数。
- 飞行数据日志软件应该与 GIS 软件相兼容。
- 系统须有保护设置，防止恶意软件侵入。
- 系统必须校准释放开（关）的日志记录的滞后。系统将在分界线显示释放开（关），没有锯齿效应，能够结束日志文件、从新命名和开始新的飞行记录。
- 当查看监视器或打印件时，飞行路径可以清楚地辨别释放的开和关。
- 软件能够以慢镜头、停止和重放的方式来显示整个飞行过程（不是必须具备此项功能）。能够放大和缩小飞行的任一片段，以浏览较翔实的细节，并能打印整个飞行过程或放大的片段。

- 具有测距的功能，能够以米或英尺（1英尺＝0.304 8米）级别测量航线之间的距离，或者任何屏幕部分之间的距离。能够确定监视器上任何一点的正确经纬度。

- 系统提供的飞行信息软件具有能够与其他软件兼容的接口。当项目组运行系统访问信息时，接口过程必须是"用户友好的"。

- 系统必须提供飞行事件的详细报告，主要是重大的航道偏离事件。报告至少包括航道偏离发生时的航线号、偏离的高度、地点。

- 必须提供用户手册，包括设备和数据日志软件。

- 每天任务结束后，所有记录的飞行信息要提供给项目成员。一般用外接USB存储器下载信息，如果使用其他设备，必须保证项目管理人员能够获得这些信息。有些系统提供在线数据传输技术，但成本相对较高。

10.3 地面释放对GPS-GIS系统的一般要求

对于地面释放，要用GPS记录所有监测诱捕器的地点坐标。在监测点100米范围内不能进行释放。负责释放的工人应该配备纸张或电子设备来确保100米的缓冲区。如果在离诱捕器太近的地方释放，诱捕器将会捕获大量的不育雄蝇，这就可能人为造成高的捕获率，使测算的不育蝇群体数量高于实际状况。诱捕器中大量的不育蝇增加了不必要的鉴别服务的工作量。此外，如果单个的野生蝇和数以百计的不育蝇进入诱捕器，那么染料转移的可能性就会变大，从而也就增加了鉴别服务的不确定性和工作量。生产和运输不育蝇的费用昂贵，不应该因为在监测诱捕器附近释放而造成不必要的浪费。利用GPS-GIS技术有助于避免这些问题，从而确保SIT的有效应用和监测（IAEA, 2006）。同时，拥有地面释放点坐标，在进入前利用GIS进行分析，有助于更好地安排野外行动，如在清晨和合适的天气条件释放。

10.4 后处理

飞行过程和释放区域记录的数据可以与其他信息叠加，如高程、诱捕器中捕获的不育蝇和可育蝇数量，可用来评估释放活动的效果。在GIS支持下可以很好地分析和表示以下参数。

- 地形的高程：安装在飞机上的GIS可以记录基于海平面的海拔高度

（AOSL）；然而，害虫管理项目倾向于基于地形的高程（AOT）。可借助GIS和地形的数字高程模型（DEM）计算AOT，公式如下：

$$AOT = AOSL - DEM$$

- 释放区的不育蝇捕获：利用诱捕网络并将释放区域作为关注地区（AOI），可以从多个角度对释放活动进行评估。可以从区域层面、诱捕器层面或利用诱捕器的插值信息进行分析。区域中的不育蝇捕获数量和捕获不育蝇的诱捕器的百分比可以作为评估释放活动的指标。如果这两个变量比较低，则需要对释放活动进行改进。
- 释放区外的不育昆虫捕获：分析释放区外捕获的不育昆虫也非常重要。如果在区域外捕获的不育昆虫数量过多，则可以认为不育昆虫没有达到靶标区域。
- 不育昆虫：野生昆虫比例（SWR）——不育昆虫与野生昆虫的比值可以用来调整释放密度。

如果用诱捕器水平或者插值信息来分析捕获的信息，可以找出区域中的问题区域，并制定针对性的决策。

例如，用一个区域野生蝇的捕获情况解释不育蝇与野生蝇的比值。即使在相对较好的不育蝇的捕获区域，由于大量的野生蝇被捕获，SWR也较低。

10.5 参考文献

(IAEA) International Atomic Energy Agency. 2006. Designing and implementing a geographical information system for managers of area-wide pest management programmes. Joint FAO/IAEA Programme. Vienna, Austria.

Lira, E. 2010. Uso de sistemas de información geográfica. *In* Pablo Montoya, Jorge Toledo and Emilio Hernández (eds). Moscas de la Fruta: Fundamentos y Procedimientos para su Manejo. S y G Editores. México.

Lira, E., Rendon, P. and McGovern, T. 2008. The geographic information system in the Moscamed Regional Program Mexico-Belize-Guatemala-USA. *In* Montoya Gerardo, P.J., Diaz Fleisher, F. and Flores Breceda, S. (eds.): Proceedings of the 7th Meeting of the Working Group on Fruit Flies of the Western Hemisphere, Mazatlán, Sinaloa, México, Nov. 2-7, 2008. Available at http://www.tephrid.org/twd/news_files/88_memoria.pdf.

O. Huisman and R.A. de By. 2009. Principles of geographic information systems–an introductory textbook, 4th ed., ITC, ISBN 90-6164-269-5.

11 不育蝇的重捕

流程图步骤6

11.1 背景

第一次尝试应用SIT防治实蝇是在45年前（表11.1），早期项目显示SIT具有显著降低实蝇种群数量甚至根除害虫的潜力。

Klassen等（1994）编著了截至1992年所有效果显著的野外试验和执行的项目，涵盖了多个实蝇科品种。

表11.1　早期记录的实蝇科项目或应用SIT的试点试验（Robinson和Hooper，1989）

国　家	实　蝇	面积（平方千米）	释放的不育蝇（百万只）	期　限	每公顷每周释放的蝇数	种群减少量	评　论
美国－夏威夷	地中海实蝇（C. capitata）	31	187	大约1年（结束于1960年7月）	116	90%	试点试验
马里来纳群岛 / 罗塔岛	瓜实蝇（B. cucurbitae）	85	257	11个月（1962年9月至1963年7月）	720	根除	除苍蝇幼虫外，利用SIT成功根除的第一个昆虫物种
尼加拉瓜	地中海实蝇	48	40	9个月（1968年9月至1969年5月）	278	90.1个卵91.1只幼虫	释放区外有2千米宽的缓冲区
哥斯达黎加	地中海实蝇	2.548	2（每周）48	1964年1968—1969年	8 000不详	90 %	令人满意的效果；与两种控制进行了比较
美国－加利福尼亚州	地中海实蝇	258	500	1975年（7个月）	646	根除	地面诱剂应用失败
突尼斯－法里纳	地中海实蝇	6	250	1972年（9个月，3～11月）	11 000	97 %	达到与化学控制同样的效果

95

有数据记录并对数据评估的第一个应用SIT的实蝇根除项目是1981年美国加利福尼亚州圣何塞/圣克拉拉市的地中海实蝇项目。诱捕器捕捉的实蝇数量是通过人工标记在手工绘制的网格地图上的，记录的是每平方英里（1平方英里≈2.59平方千米）捕获的总蝇数。从1984—1987年，实现了每个诱捕器数据的电子录入，可以打印在释放区网格地图上。每个诱捕器的实蝇数量是鉴定部门通过计数获得的实际捕获数量。

R. H. Cunningham认为需要一个更加便捷的报表工具记录不育蝇的分布。他设计了一个模型报表来显示每平方英里范围内不育蝇数量的分布情况。此外，这个报表提供了之前报表系统没有的信息。这个报表包括每个诱捕器捕获的蝇数，而不仅是每平方英里的总蝇数。这个报表被称为Cunningham报表（图11.1）。

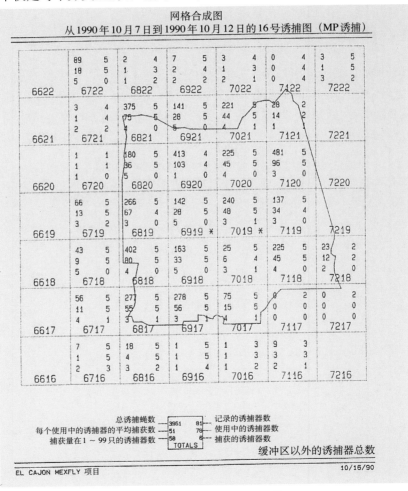

图 11.1　Cunningham报表

　　20世纪90年代，由于处理区域面积增大和捕获的不育蝇数目增多，加利福尼亚州实蝇项目组对报表进行了再次修订。对捕获的不育蝇进行了分类，并用不同颜色标记在格网文件中。基本的分类如下：①忽略或丢失诱捕器。②没有捕获到果蝇的诱捕器。③捕获1～99只。④捕获100～999只。⑤捕获1 000只以上。根除和预防性释放项目方案一般采用Cunningham报表系统。基于当地的需求对报表系统进行了微调，但不影响数据报告的完整性。GIS和空间分析技术的进步可以为不育蝇的重捕提供更加详细和有用的评估方法（见第10章）。

11.2　重捕指数和评估参数

　　不育蝇需要满足一些条件才能在野外释放中有满意的表现。最重要的条件包括：不育蝇的年龄和释放时养分储备、寿命、宿主搜寻和交配竞争力。管理者必须保证不育蝇满足这些条件，使其在野外具有竞争力。根据以下指标对重捕进行分析，有助于评价不育蝇在野外的表现。

- 野外不育蝇的分布（诱捕器捕获不育蝇的百分比）。
- 每个诱捕器每天捕获的不育蝇数（FTD），用于测量不育蝇相对丰度和成活率。
- 不育蝇与野生蝇的比例（S∶W）。

　　达到每个指标设定的值，再加上适当的质量控制参数，将保证不育昆虫在野外的良好表现。这些指标通过大面积范围内的诱捕器分组来计算，反映的是整个释放区内部的数据汇总情况。尽管这些观测对野外不育蝇的分布具有指导意义，但是它们不能识别地方的趋势和释放区内的潜在问题。综合了GIS数据和空间分析的新方法使得在诱捕器层面执行分析成为可能，取代了较大区域的平均值，并且能够以更小的尺度确定影响SIT功效的因素。可以发现问题并解决问题，如改变飞行参数（高度、线路方向、密度）、评估诱捕器的位置，或者采取地面释放等补充行动。也可以在更加精细的尺度评估S∶W的比例采用一个指数填补诱捕器捕获0只野生蝇或不育蝇的情况，如（S∶W）/(S+1)，以此来表示该区域的不合理比例。可以对发现问题的区域进行分阶段地监测和分析，从而判断是否会频繁出现这些问题。

　　此外，大面积SIT的应用还可以通过以下参数进行评估：

- 虫卵的不育性检测。
- 确定幼虫对区域内首选宿主的侵染程度。
- 诱捕器中野生蝇的减少量。

　　应该根据行动方案的目标选择SIT评估参数。例如，在害虫低发生区，一且监测的不成熟害虫或成虫低于设定阈值就可以重建出口协议；根除项目中，没有检测到三代害虫则宣布为无蝇区。其他评估参数可用于记录项目进展。

11.2.1　重捕指数

（1）不育蝇的野外分布

不育蝇应该在区域内合理分布，释放区内至少90%的诱捕器能捕获到不育蝇，表明不育蝇分布达到了可接受的水平。一直捕捉不到不育蝇的区域应引起关注，这意味着诱捕有问题或者不育蝇释放分布效率有问题。低重捕区域的一个应对方法是增加不育蝇的释放。

（2）FTD作为测量不育蝇相对丰度和成活率的参数

野外不育蝇数量充足（用FTD测算）（IAEA，2003）是不育蝇能够与野生蝇交配的前提。区域行动计划中要确保不育蝇与野生蝇的比例一直达到最低要求。不育昆虫存活率用来协助判断是否需要增加不育蝇的释放以及评估不育蝇在野外的可获得性（FAO、IAEA、USDA，2014）。

（3）不育蝇与野生蝇的比例（S：W）

应该根据项目目标确定和评估S：W（见8.2章节）（FAO、IAEA、USDA，2003）。临界释放比应始终高于相关区域最初确定的最小值。利用诱捕数据求证S：W。如果由于不育蝇死亡、不育蝇或野生蝇种群的迁徙或其他原因导致不育蝇数量下降，则需要进行补充释放。利用指定地区实际密度与最新的不育蝇和野生蝇的诱捕结果可以计算比值，其结果可用来计算推荐释放密度（见第9章）。

11.2.2　评估参数的描述

（1）虫卵不育性检测

通过收集野外宿主的果实来进行虫卵的不育性检测。在确认产卵标记后再摘除果实，并将其带回实验室进行解剖。依照《大规模饲养不育地中海实蝇的产品质量控制和运输规程手册》（FAO、IAEA、USDA，2014）中"不育性检测"，对从果实中提取的虫卵进行处理。野外果实多和种群量非常低的情况下，实施检测可能会很困难。

（2）确定幼虫对区域内首选宿主的侵染程度

幼虫侵染程度用果实宿主区每平方千米含有的幼虫量来测量。这样，在需要进行不育蝇释放的区域中，收集幼虫首选宿主上带有侵染症状的宿主果实，并带回果实加工实验室。为了完成幼虫的发育和啮出，允许果实在实验室条件下完成成熟阶段。对果实重量进行测量，并评估每千克果实的幼虫数目。

这样能提供一个侵染值，它能够通过阶段性比较来确定种群减少的进展。这些操作程序在《Moscamed项目田间操作手册》的"果实采样"章节有详细描述（Reyes等，1986；Programa Regional Moscamed，2003；Programa Moscamed，1990）。

（3）诱捕器中野生蝇的减少量

SIT应用的预期结果是野外种群数量随不育蝇在一段时间内的持续释放而减少。这个结果应该反映诱捕器捕获的野生种群减少量和相应的每个诱捕器每天捕获的可育蝇（$FTD_{fertile}$）指数。利用不同时间的$FTD_{fertile}$指数能够分阶段评估果蝇控制项目的结果。

（4）至少三代野生蝇零诱捕

就根除项目来说，释放几代不育蝇之后，预计野生群体将在处理区域被消灭。评估野生蝇消失的方法是在不育蝇释放项目结束后野生蝇繁殖至少三代的时间，诱捕的野生蝇数量要保持在同一水平（IAEA，2003）。如果野生蝇繁殖三代时间的诱捕量为零，则可以确认为已根除（FAO，2006）。繁殖三代的时间根据昆虫不同发育阶段的寿命长短来确定，而寿命长短则取决于区域内的普遍环境状况和贸易协议（Tassan等，1983；Anon，1997）。

11.3 参考文献

Anon. 1997.*Code of Practice for the Management of Queensland Fruit Fly*. Standing Committee on Agriculture and Resource Management, Department of Primary Industries, Canberra, Australia.

FAO/IAEA/USDA. 2014. Product quality control for sterile mass-reared and released tephritid fruit flies. Version 6.0 International Atomic Energy Agency. Vienna, Austria, 159 pp.

(IAEA) International Atomic Energy Agency. 2003. Trapping guidelines for area-wide fruit fly programmes. Joint FAO/IAEA Programme. Vienna, Austria, 47 pp.

Klassen, W., D. A. Lindquist, and E. J. Buyckx. 1994. Overview of the Joint FAO/IAEA Division's involvement in fruit fly sterile insect technique programmes. *In* C. O. Calkins, W. Klassen, and P. Liedo (eds.). Fruit Flies and the Sterile Insect Technique. CRC Press, Boca Raton, Florida.

Programa Regional Moscamed Guatemala-Mexico-Estados Unidos. 2003. Manual del sistema de detección por muestreo de fruta de la mosca del mediterráneo.

Guatemala, Guatemala, 26 pp.

Reyes J., A. Villaseñor, G. Ortiz, and P. Liedo. 1986. Manual de las operaciones de campo en una campaña de erradicación de la mosca del mediterráneo en regiones tropicales y subtropicales, utilizando la Técnica del Insecto Estéril. Moscamed Programme SAGARPA- USDA. México.

Robinson, A. S., and G. Hooper. 1989. Chapter 9.5. Sterile Insect Technique (SIT), 9.5.1 Overview. *In* World Crop Pests, Volume 3B. Fruit Flies, Their Biology, Natural Enemies and Control. Elsevier Science Publisher B.V., Amsterdam.

Tassan, R. L., K. S. Hagen, A. Cheng, T. K. Palmer, G. Feliciano and T. L. Blough. 1983. Mediterranean fruit fly life cycle estimations for the California eradication program. *In* R. Cavalloro. (edit.). Fruit Flies of Economic Importance. A. A. Balkema/Rotterd.

12 实蝇包装、保存、冷却和释放中心的设计

12.1 背景

在SIT应用中，不育蝇的包装、保存、冷却和释放中心的设计非常重要。SIT项目中，管理人员一般采用已有的建筑物（如仓库）改装成不育蝇的厂房，导致管理不育蝇的条件不是很理想。

在过去的36年中，作为不育蝇的设施Moscamed项目在墨西哥共经历了4种不同的建筑。第一个是离机场2千米的已建大楼，在那里不育虫蛹被装载到大型的铝箱中，从成虫羽化到成熟都保存在带窗户和空调的一般房间中。随后成虫被运输到冷却房间，以备空中释放。小型飞机采用带有托盘的机电释放机器进行释放。因为此系统需要的空间大且那时释放机的故障次数太多，后来纸袋释放系统取代了机器释放。数年后，在Moscamed项目大量饲养设施中增建了新的仓库，增加了新的纸袋处理设备，以防止不育蝇严重的质量损失。另外，在包装中心附近修建了一条飞机跑道，运行数年后，由于缺乏最低标准的安全措施而被取消。考虑到大规模饲养工厂的空间需求和到机场的长距离运输问题，中心再次移址到另一个离机场15千米的仓库。在美国农业部（USDA）指导下，危地马拉Moscamed项目建设了新包装中心，这促使2007年墨西哥决定建立新的包装中心以满足墨西哥项目的需求（图12.1）。

建设实蝇包装中心应至少考虑如下问题：

- 中心选址。为减少运输时间，包装中心应位于官方机场附近。在成虫释放系统中，不育蝇被倾倒在冷却箱中，相互堆积挤压会影响不育蝇的质量。
- 位于项目可以影响到的区域，尽可能减少飞机到达释放目标区域所需要的运输时间。

- 可以获得基础服务，包括公共电力服务、清洁水源，还要位于工业区，这样易于购买机器零部件。
- 应该具备良好的交通条件，易于连通到公路主网。

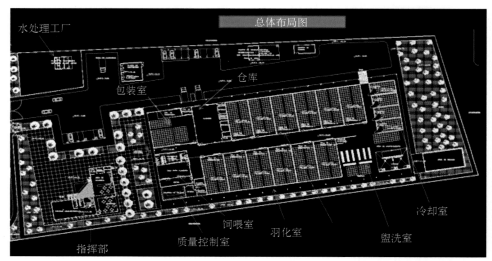

图12.1 墨西哥恰帕斯州塔帕丘拉地中海实蝇包装、保存、冷却和释放中心总体布局（©FAO/Moscamed项目，墨西哥、危地马拉、美国）

- 包装系统。当前有4种基本的包装系统：袋子、PARC盒、袖笼和塔式系统（见第5章）。
- 规模。不育蝇总量和包装系统决定不同的空间需求。
- 设备。满足不同工作间的环境要求，如温度、湿度和空气质量（见下面不同工作间的设备需求）。
- 建筑设计要合乎工作流程，根据昆虫的生物学阶段（蛹和成虫）、特殊的环境需求和处理需求以及技术支持工作区进行设计。

选择包装系统后，需要确定包装单元的实蝇数，这取决于每个包装单元可供实蝇休息的表面积。例如，墨西哥塔式系统中，每个塔有16个架子，尺寸如下：长82厘米，宽70厘米、高10厘米。每个架子有2个食物分配器，1水分供应枕，1个虫蛹箱和2个塑料的成虫休息区。

一般来讲，推荐密度为每平方厘米不超过2只成蝇。为了获得更高的质量，实际应用中的每个架子放置55 000只虫蛹，相当于每平方厘米1.47只成蝇。想要改变不育蝇密度，应对不育蝇质量进行评估测试（羽化和飞行能力），参见《大规模饲养不育地中海实蝇的产品质量控制和运输规程手册》（FAO、IAEA、USDA，2014）。

12.2 羽化室和保存室

羽化室和保存室对空间、温度、湿度和空气质量都有特殊要求。这样的房间有两条主要标准：一是一个大房间，虫蛹容器在这里放置数日，每天利用空间或特殊标记分离这些容器。二是每天存放在一个房间，为不育蝇提供一个安静且不被打扰的地方，避免浪费在野外所需的宝贵的能量。

针对单个大房间，计算房间的面积要考虑实蝇总量以及从包装到释放的天数。对于只存放一天的房间，其面积和间数的计算是基于每天需要包装的虫蛹量。

根据墨西哥的经验，最好选择每天存放在独立的羽化室和保存室。与大房间相比，较小的房间更利于控制环境条件，包括温度、湿度和空气质量，能够保证不育蝇的质量。

计算羽化室和保存室面积的方法如下：

针对每周10亿只不育虫蛹的量，采用墨西哥塔式系统：

每个架子55 000只虫蛹（每平方厘米1.47只实蝇）×每个塔16个架子=每个塔880 000只虫蛹

每周生产10亿只不育蝇的大规模饲养设施，意味着每天将生产1.42亿只成蝇（虫蛹），每天需要161个羽化塔（142 000 000/880 000）。在这种情况下，羽化室和保存室的大小为：161个塔 × 1 平方米/塔=161平方米。每个羽化塔占1平方米，包含了塔与塔之间的间距，以便控制温度、湿度与执行监督工作。另外，墙与塔之间要有1立方米的空间，避免距离过近导致温度和湿度升高。房间入口到羽化塔要有2米的直线距离，方便设备和日常补给的出入。

根据每个羽化室存放一天的概念，房间的数量取决于实蝇释放前保存的天数，理想情况下是每天一个房间。如果不育蝇在第六天释放，则需要12个羽化室和保存室。在释放当天（第六天），羽化塔被转移至冷却室，保持冷却并释放。在成蝇接近性成熟时释放，可以使不育蝇在释放后立即寻找交配对象。有时需要对不育蝇至少多保存一天，这样就需要多加一个房间。

羽化室或保存室的温度控制是首要事宜，特别是在外界温度和湿度高的地区，如热带地区。但是，即便是在寒冷的环境中，羽化室的湿度和空气流通对保证不育蝇的质量也非常重要。温度、湿度和空气质量是由2台综合的空气调节组件（25 吨，440V，3F-4H，60Hz，10 000CFM）和1台干燥除湿器（56.78升/天，127V，1F-2H，60Hz，250 CFM）来管理的。这些设备能够达到每天10次的空气交换来保证空气质量。

12.3 冷库

针对不同的包装系统采用不同的使不育蝇失去行动能力的做法（见第6章）。每天释放的不育蝇数量和用来释放不育蝇的机器容量决定了每天需要的冷库数量。对于每天生产1.42亿只虫蛹（每周大约生产10亿只）的产能来说，需要4个冷却室，每个保存2 500万只成蝇。每个冷却室每天至少使用2次。每个房间约75平方米，总共需要300平方米。固定翼飞机内部安置了3台释放机器，每台释放机器可以容纳2 000万只不育蝇；每次飞行释放60万只冷却成蝇，有时候每次飞行释放的量比这个小。上述不育蝇产量下，每天需要3架飞机和9台释放机器。建议额外配备另一架带有3个释放机的飞机，以防其他飞机发生故障。

与羽化室和保存室相同，冷却室内部的环境控制也至关重要。使不育蝇失去行为能力的温度为−2 ~ 0℃，应在此温度下用释放机进行释放。不育蝇野外释放前的湿度是最重要的，相对湿度不能超过70%，湿度过高会造成不育蝇集结在一起，阻碍飞机释放的关闭。正确选择设备也是非常重要的。本案例中每个冷却室所用的设备是：348 000 BTU冷凝器，220V，3F-4H，60Hz；6个低压24 000 BTU蒸发器，220V，2F-3H，60Hz，TSS −4℃ 2 800 CFM；1个1 400立方米/小时的空气除湿器和1个干燥器，440V，3F-4H，60 Hz。

12.4 接待、包装和质量控制室

接待室专门用来接收来自生产车间的虫蛹，为包装过程做准备。包装室分为两个房间：一个房间放置虫蛹分配器（每间20平方米），另一个放置运输装置和墨西哥塔式系统的所有组件和满足一天虫蛹生产的羽化塔（320平方米）（见第5章）。

在包装室，有专门装备将虫蛹平均分配到容器中，容器随后置于墨西哥塔式系统的架子里。设备的规格如下：有1个带容量测定的分配器，能够处理10 ~ 3 000克的重量，精确到1.5克，每分钟进行70次分配。但是，由于要分配到容器中的虫蛹数量较多，每分钟最多能执行25次分配。开展这个工作需要10个分配头、一个线性振动器、一个中央震动器和1kW、220V、2F-3H、60Hz的电源。另外，需要两个运输工具来运输羽化塔的各个组件。

还要有进行质量控制（QC）测试的房间。需要进行日常和定期的质量测试来确定包装、保存、冷却和释放的效果，同时验证来自生产工厂的不育蝇达到了《大规模饲养和释放实蝇的生产质量控制手册》（FAO、IAEA、USDA，2014）中所述的最低质量。

在羽化和释放中心，质量控制测试是在不同的阶段进行的。为此，需要不同大小的3个房间进行质量控制测试：第一个房间执行飞行能力测试；第二个房间进行寿命或无食物和水的胁迫测试，还需要特殊的光周期测试，每个房间20平方米；第三个房间80平方米，为开展质量控制执行不同的测试和提供个人办公空间。

这些房间应该与虫蛹和羽化成蝇的保存房间具有相同的环境条件。因此，设备的需求应该和羽化室相同。

12.5 支撑区域

包装设施会在清洁和工业过程中产生污水。生活污水来自办公室和清洁间，工业污水来自清洗设备的固体残渣，如实蝇食物残渣、实蝇残体和蛹壳。

污水经过延时曝气10～14小时，使有机物充分降解。延时曝气污水处理工艺主要适用于含有可溶性有机质的污水，细菌则适用于处理水中其他化合物。延时曝气的一个好处是产生的活性污泥量更少。处理工业污水的3个重要步骤：一是固体物分离；二是曝气处理；三是固体沉降。处理后的水可循环再利用于同一工业流程或者用来清洁卫生，大幅节省了用水，还可以用于建筑周边绿地的灌溉。使用的水应符合相应的环境法规。

必要的支撑区域包括：存储补给品和设备的仓库（200平方米）、饲料准备区（176平方米）、设备清洁和维护区（900平方米）、办公室（70平方米）、更衣室和清洁室（80平方米）、材料干燥区（230平方米）、机械室（220平方米）、废物容器区（24平方米）、蓄水池（80平方米）、水泵（37平方米）和污水处理区（48平方米）。对于一个每周10亿只虫蛹生产能力的工厂，支撑区域最小的设计面积是2 065平方米。还要设计其他独立区域（13 740平方米），如办公区域（指挥部）（507平方米）、绿地和内部道路。

总之，墨西哥Moscamed项目的包装和释放中心拥有每周处理10亿只不育蝇的能力，中心面积为5 662平方米，整个区域面积，包括包装中心、指挥部、绿地和内部道路是17 143平方米（表12.1）。

表12.1　墨西哥Moscamed项目中不同工作区所需要的面积（平方米）
和整个包装释放中心的总面积

房　　间	数　　目	面积（平方米）	总面积（平方米）
羽化和保存	12	231	2 772
冷却	4	75	300
接待	1	65	65
包装	1	340	340
质量控制	1	120	120
支撑区域	11	2 065	2 065
指挥部	1	507	507
绿地和内部道路	1	13 740	13 740
总计	—	—	19 909

12.6　参考文献

FAO/IAEA/USDA. 2014. Product quality control for sterile mass-reared and released tephritid fruit flies. Version 6.0 International Atomic Energy Agency. Vienna, Austria，159 pp.

Gutiérrez Ruelas, J. M., A. Villaseñor, J.L. Zavala, M. De los Santos, R. Leal, and R. Alvarado. 2010. New technology on sterile insect technique for fruit flies eclosion and release in Mexico. 8th International Symposium on Fruit Flies of Economic Importance. Valencia, Spain，99 pp.

(IAEA) International Atomic Energy Agency. 2007. Trapping guidelines for area-wide fruit fly programmes. Joint FAO/IAEA Programme. Vienna, Austria.

Zavala, J. L., J. M. Gutiérrez Ruelas, E. Cotoc and L. Tirado. 2014. New Mediterranean Fruit Fly Emergence and Release Facility at Tapachula, Chiapas, Mexico. 9th International Symposium on Fruit Flies of Economic Importance (ISFFEI), 12-16 May 2014, Bangkok, Thailand.

Zavala, J. L. 2008. Avances en los sistemas de empaque/liberación área de moscas de la fruta). En Memorias 7ª Reunión del grupo de Trabajo en Moscas de la Fruta del Hemisferio Occidental. Nov 2-7. Mazatlán, Sinaloa. México.

附录1 贡献者名单

阿根廷

古斯塔夫•塔雷 先生（gtaret@supernet.com.ar）
门多萨农牧业卫生与质量研究所（ISCAMEN）
滨海布洛涅，生物工厂8千米处
门多萨

澳大利亚

贝尔尼•多米尼亚克 先生（bernie.dominiak@agric.nsw.gov.au）
昆士兰实蝇项目协调员
新南威尔士州农业局
新南威尔士州奥兰治

智利

里卡多•罗德里格斯•帕洛米诺 先生（ricardo.rodriguez@sag.gob.cl）
农业与畜牧服务局
国家实蝇项目官员
智利圣地亚哥

海梅•冈萨雷斯 先生（moscadelafruta@sag.gob.cl）
农业与畜牧服务局
9月18日街370号
卡西亚207号，阿里卡

保拉•特龙科索 女士（paula.troncoso@sag.gob.cl）
农业与畜牧服务局
9月18日街370号
卡西亚207号，阿里卡

危地马拉

佩德罗•伦登 先生（Pedro.Rendon@aphis.usda.gov）
危地马拉—墨西哥—伯利兹—美国地中海实蝇根除委员会
危地马拉城
危地马拉

大卫•迈德戈登 先生（David.G.Midgarden@aphis.usda.gov）
危地马拉—墨西哥—伯利兹—美国地中海实蝇根除委员会
危地马拉城
危地马拉

伊斯塔多•里拉 女士（estuardo.lira@aphis.usda.gov）
危地马拉—墨西哥—伯利兹—美国地中海实蝇根除委员会
危地马拉城
危地马拉

奥斯卡•塞拉亚 女士
危地马拉 Moscamed（地中海实蝇）项目
危地马拉城
危地马拉

克里斯特巴尔•佩扎罗西 先生（副主任）
艾尔皮诺植物园，Moscamed（地中海实蝇）项目
距萨尔瓦多公路47.5千米处
艾尔皮诺湖国家公园
危地马拉（圣罗萨省）巴韦雷纳市埃塞瑞纳镇

曼夫雷多•佩科莱利 先生（辐照雄虫生产主管）

艾尔皮诺植物园，Moscamed（地中海实蝇）项目
距萨尔瓦多公路47.5千米处
艾尔皮诺湖国家公园
危地马拉（圣罗萨省）巴韦雷纳市埃塞瑞纳镇

罗纳尔多·佩雷斯 先生（质量管理主任）
危地马拉Moscamed（地中海实蝇）项目
危地马拉城
危地马拉

马里奥·克拉多 先生（环境监测工程师）
艾尔皮诺植物园，Moscamed（地中海实蝇）项目
距萨尔瓦多公路47.5千米处
艾尔皮诺湖国家公园
危地马拉（圣罗萨省）巴韦雷纳市埃塞瑞纳镇

何塞·马努埃尔·庞西亚诺·鲁伊兹 先生（jose.ponciano@medfly.org.gt）
冷藏与包装中心主任
普克顿州拉斯帕尔马斯第6区
危地马拉雷塔卢莱乌市

安赫尔·马里奥·索利斯·德莱昂 先生（angel.solis@medfly.org.gt）
执行首席
冷藏与包装中心
普克顿州拉斯帕尔马斯第6区
危地马拉雷塔卢莱乌市

墨西哥

何塞·路易斯·扎瓦拉 先生（joseluiszavalalopez@yahoo.com.mx）
不育地中海实蝇包装中心
Moscamed（地中海实蝇）项目
塔帕丘拉—马德罗港公路19.8千米处
莱昂西奥区卡门农场

墨西哥恰帕斯州塔帕丘拉市

安东尼奥·比利亚索尔 先生（antonio.villasenor@medfly.org.gt）
危地马拉 Moscamed（地中海实蝇）项目
墨西哥联合项目
危地马拉危地马拉城

露西·帕洛米克 女士（lucy.tirado@programamoscamed.mx）
不育地中海实蝇包装中心
Moscamed（地中海实蝇）项目
塔帕丘拉—马德罗港公路19.8千米处
莱昂西奥区卡门农场
墨西哥恰帕斯州塔帕丘拉市

密尔顿·拉斯加多·马罗奇 先生（milton.rasgado@programamoscamed.mx）
不育地中海实蝇包装中心
Moscamed（地中海实蝇）项目
塔帕丘拉—马德罗港公路19.8千米处
莱昂西奥区卡门农场
墨西哥恰帕斯州塔帕丘拉市

豪尔赫·吉勒·阿吉拉尔 先生 (jorgecaralampio.guillen@programamoscam-ed.mx)
Moscamed（地中海实蝇）项目
识别与诊断实验室，质量控制与培训室
科米坦运营中心
圣奥古斯汀区
墨西哥恰帕斯州科米坦德多明格斯市

巴勃罗·蒙托亚·杰拉多 先生 (pablo.montoya@iica-moscafrut.org.mx)
Moscafrut项目
SAGARPA-IICA 协议
可可塔莱路
墨西哥恰帕斯州梅塔帕德多明格斯市

路易斯•C.席尔瓦•比利亚雷亚尔 先生 (luis.silva@senasica.gob.mx; ummp@prodigy.net.mx)

Moscamed（地中海实蝇）项目

墨西哥恰帕斯州梅塔帕德多明格斯市

斯洛伐克

米兰•科扎内克 先生 (uzaekoza@savba.sk)

动物学研究所

斯洛伐克科学院

杜布拉瓦街9号

布拉迪斯拉发

美国

凯文•霍夫曼 先生（khoffman@cdfa.ca.gov）

加利福尼亚州食品与农业部

加利福尼亚州萨克拉曼多

提姆•霍勒 先生 (timothy.c.holler@aphis.usda.gov)

USDA-APHIS-PPQ-CPHST

佛罗里达州盖恩斯维尔

乔•斯图尔特 先生 (Joseph.L.Stewart@aphis.usda.gov)

西部地区总监

USDA/APHIS/PPQ

佛罗里达州帕尔梅托

约翰•沃利 先生 (John.N.Worley@aphis.usda.gov)

USDA-APHIS-PPQ

得克萨斯州爱丁堡

国际原子能机构（IAEA）的FAO/IAEA粮食与农业核技术联合项目

沃尔瑟•恩克林 先生 (W.R.Enkerlin @iaea.org)
联合国粮食及农业组织/国际原子能机构联合司
国际原子能机构
奥地利维也纳A-1400区瓦格拉姆街5号

卡洛斯•卡塞雷斯 先生 (C.Caceres@iaea.org)
联合国粮食及农业组织/国际原子能机构联合司
IAEA实验
奥地利塞伯尔斯多夫

豪尔赫•亨德里克斯 先生 (J.Hendrichs@iaea.org)
联合国粮食及农业组织/国际原子能机构联合司
国际原子能机构
奥地利维也纳A-1400区瓦格拉姆街5号

附录2 不育虫蛹运输数据表

货物的每个箱子里都应该有以下数据表。

工厂的名字和地址（发货地）：	收货人姓名和地址：
....	....

货物基本信息		
辐射日期：_____	辐射剂量（Gy）_____	
包装日期：_____	发货日期：_____	
总箱数：_____	总重量(千克)：_____	

内容	1	2	3	4	5	6	7	8	9	10	总数	意见
箱子内的虫蛹容器的数量①											a	
重量（千克）											b	
带有辐射敏感指示物的虫蛹容器数量											c	
接受了推荐辐射剂量指数物的数量②											d	
辐射后接受会签的指示物数量											e	

货物箱子编号

注：①塑料袋、"香肠"或其他。 ②"肉眼计数"。

意见：_____

授权：_____

理想情况下：a=c=d=e

b值应该等于"基本信息"里的总重量

d值如果与a值不同，货物应该做抛弃处理，不能再使用

附录3　不育实蝇的跨界运输史

年　份	实蝇种类	生产地点	运输量 （百万只虫蛹）	收货人	意　见
1963—1990	墨西哥按实蝇 *Anastrepha ludens*	墨西哥 蒙特雷	不详	美国 得克萨斯州	
1970—1971	地中海实蝇 *Ceratitis capitata*	奥地利 赛伯尔斯多夫	不详	意大利普罗奇 达岛和希腊	由于不育蝇是用作野外试验，运输量相对较少
1970	地中海实蝇	哥斯达黎加	不详	尼加拉瓜	由于不育蝇是用作野外试验，运输量相对较少
1975—1977	地中海实蝇	西班牙 马德里	302	加那利群岛	
1978	地中海实蝇	奥地利 赛伯尔斯多夫	不详	危地马拉	把不育虫蛹从IAEA实验室（赛伯尔斯多夫）运输到危地马拉的包装和羽化工厂，用于野外试验和SIT培训
1979—2015	地中海实蝇	墨西哥 恰帕斯州	326 400	危地马拉	过去36年一直在进行跨界运输
1989—1994	地中海实蝇	墨西哥 恰帕斯州	6 670	美国 加利福尼亚州	协助加利福尼亚州农业部根除地中海实蝇暴发
1990	地中海实蝇	墨西哥 恰帕斯州	552	智利	墨西哥政府捐赠给智利的不育蝇
1989—1990	地中海实蝇	奥地利 赛伯尔斯多夫	不详	以色列	试点试验
1994	地中海实蝇	奥地利 赛伯尔斯多夫	60	突尼斯	试点试验
1996—2000	墨西哥按实蝇	墨西哥 恰帕斯州	2 511	美国 加利福尼亚州	协助加利福尼亚州农业部根除墨西哥按实蝇暴发
1994—2015	地中海实蝇	危地马拉 埃尔皮诺	146 900	美国 加利福尼亚州	协助加利福尼亚州农业部根除墨西哥按实蝇暴发
1997—1998	地中海实蝇	葡萄牙 马德拉岛	206	以色列	支持试点抑制项目

（续）

年　　份	实蝇种类	生产地点	运输量 （百万只虫蛹）	收货人	意　　见
1997—2000	地中海实蝇	危地马拉 埃尔皮诺	3 700	以色列	支持试点抑制项目
1998—2015	地中海实蝇	危地马拉 埃尔皮诺	89 400	美国 佛罗里达州	协助佛罗里达州农业部根 除地中海实蝇暴发
1999—2000	地中海实蝇	危地马拉 埃尔皮诺	720	南非	支持试点抑制项目
2011—2013	地中海实蝇	西班牙 瓦伦西亚省	425	克罗地亚	支持试点抑制项目
2010、2012、 2014	地中海实蝇	以色列	1 489	克罗地亚	支持试点抑制项目
2008—2015	地中海实蝇	以色列	560	约旦	支持试点抑制项目
总量			579 895		

注：运输量是估算的不育虫蛹跨界运输的数量。

附录4　不育昆虫的跨界运输

FAO/IAEA咨询小组，2001年7月30日至8月3日，奥地利维也纳

序　　言

2001年7月30日至8月3日，粮食与农业核技术FAO/IAEA联合处在维也纳召开了一次FAO/IAEA咨询小组会议，讨论害虫控制项目中跨界[①]运输不育昆虫的潜在风险[②]。一方面，国家植物保护组织（NPPOs）需要寻找除农药控制害虫以外的替代措施；另一方面，私营部门对投资昆虫不育技术（SIT）兴趣不断增加。基于这两个背景，咨询专家（见附件1）被召集召开了这个会议。

会议目标是确定SIT项目不育昆虫跨界运输的潜在风险，并就风险水平得出结论。在分析过程中，咨询小组建立了常规流程，包括将风险降低到可忽略水平的最佳运输实践。然而，目前还没有国际公认的关于不育昆虫运输的指南。

建立统一的不育昆虫运输指南有利于促进贸易，同时避免了运输的昆虫作为需要检疫的害虫处理。本文件作为讨论稿，提交国际植物保护公约（IPPC）的管理机构"植物检疫措施临时委员会"（ICPM）审议。

审议结果有可能是制定关于不育昆虫跨界运输措施指南的国际标准。或者，本文件的内容可以在修订《国际植物检疫措施标准》（ISPM）时，添加到关于生物防治天敌（IPPC，1996）方面的条款中。但是，ISPM中有一些关于生物防治天敌的条款对不育昆虫是不适用的（例如，对下一代保持隔离检疫）。而且，IPPC的术语表（IPPC，2001）中，对生物防治天敌的定义不包括SIT。

---

①本文背景下，"跨界"指的是货物输入（海关）到进口国以及通过第三国转运货物。转运不一定包含货物的转载。

②本文背景下，"风险"包括一个不良事件发生的可能性和结果。

为了协调一致，也需要世界动物卫生组织（OIE）和世界卫生组织（WHO）就使用不育昆虫控制人类或动物疾病进行类似的讨论。

执行摘要

- 随着利用昆虫不育技术（SIT）来抑制或根除害虫群体的做法日益广泛，不育靶标害虫从一个国家到另一国家的运输也日益频繁，并经常通过其他国家过境转运。国际生物安全标准对不育昆虫的跨界运输并不适用。

- 随着SIT商业化应用的增加，必须保证不育昆虫安全地、合法地运输，从而鼓励更多针对不育昆虫大规模饲养工厂的商业投资。此外，亟须建立国际标准，避免每个国家制定自己独立的标准，因为标准不统一会影响昆虫控制项目的实施。

- 咨询小组会议的目标是草拟一个讨论文件，提交国际植物保护公约（IPPC）的管理机构"植物检疫措施临时委员会"（ICPM）审议，作为建立国际标准或者其他关于不育昆虫跨界运输指南的第一步。还需要开展更多工作，讨论关于运输对动物健康或者人类健康有重要意义的不育昆虫的问题。

- 讨论的范围仅限于使用SIT辐照不育昆虫开展害虫控制项目。通过基因工程或其他现代生物技术手段人工制造的昆虫品种被排除在外。

- 不育昆虫跨界运输有4个潜在的危害。危害1：靶标害虫在新的地区暴发。危害2：在已发生虫害的地区引入逃逸昆虫的遗传物质，提高了当地害虫种群的适应性。危害3：采取不必要的管制措施，导致对诱捕的不育蝇产生错误判断，从而得出该地区存在检疫威胁的错误结论。危害4：在运输中引入外源污染物的生物，而不是SIT项目的靶标物种。

- 不育昆虫的跨界运输已有近50年的历史。据估计，来自25个国家的50个不育昆虫工厂运输了12 000个批次的9 620亿只不育昆虫到22个进口国。在这段漫长的时间和许多先例中，没有出现任何与上面列出的危险有关的问题，也没有发现任何其他的问题。因此，这些不育昆虫的运输从未经历任何监管行动。

- 采用情景分析技术评估了确定危害的潜在风险。

- 危害1需要考虑：绝育失败、运输包装意外打开、昆虫逃逸、不育蝇存活并繁殖。危害2需要考虑：除上述几点外，逃逸的昆虫与当地种群交配，给当地种群输入新的性状。危害3需要考虑：管理关键点是运输包装意外打开、昆虫逃逸、存活，以及未能准确识别重捕的不育蝇。危害4需要考虑：不是不育昆虫的特定风险，可以是运输任何货物存在的风险。

- 每个危害的风险评估值是：

（1）0.5×10^{-18}

（2）0.5×10^{-23}

（3）1×10^{-11}

（4）比移动的生物防治天敌的风险要低很多倍。

- 咨询小组的结论是，目前用于SIT项目的不育昆虫跨界运输系统是非常安全的。但是应该制定国际规则并经植物检疫措施临时委员会（ICPM）批准，从而促进SIT的商业化发展。

一、引言

人们越来越需要经济有效的手段控制植物害虫以及有兽医和医学意义的昆虫。同时，由于潜在的毒理学和环境的影响，对杀虫剂的审查更加严格。昆虫不育技术（SIT）是害虫防治的替代方法之一。SIT包括靶标昆虫物种的大规模生产、利用电离辐射进行绝育，以及针对靶标种群的多次释放。在靶标群体中释放不育昆虫是一种"生育控制"模式。不育昆虫与野生种群交配，受精后却不能繁殖后代。因此，可以通过不育昆虫的多次释放达到害虫种群数量减少的目的。

传统的生物防治手段是通过引入外来天敌来控制害虫，SIT与之不同，主要体现在以下几个方面：

- 不育昆虫不能自我复制，也不能在环境中定殖。
- 自绝防治限定在同一种群内。
- 在SIT项目实施的生态环境中，SIT用来抵御定殖害虫，在生态系统中引入外源物种。

应用SIT已经近50年，用于植物和动物虫害的根除、抑制和控制项目，如地中海实蝇（*Ceratitis capitata*）和新世界螺旋蝇（*Cochliomyia hominivorax*）。由于饲养和绝育工厂数量有限，经常要把不育昆虫运输到其他地区进行释放，这样就需要进行从不育昆虫生产工厂到世界各地的释放地点的跨界运输。对SIT需求的增加可能会促使建立新的商业化生产设施来满足需求。

（一）跨界运输的背景

在过去的46年中，不育昆虫的跨界运输从未中断。1954年，第一批新世界螺旋蝇不育蝇从美国佛罗里达州美国农业部动植物检疫局的大规模饲养工厂发出，运输到加勒比海的库拉索岛。同年库拉索岛实现了新世界螺旋蝇的种群根除。这是第一次应用SIT根除害虫群体。

大多数不育昆虫的跨界运输是从北美和中美的生产工厂运输到美洲、欧洲、非洲和亚洲四大洲的至少22个国家（见附录3）。例如，目前在进行的地中海实蝇不育虫蛹的跨界运输是从墨西哥恰帕斯州塔帕丘拉的生产工厂运输到危地马拉西南部的包装与羽化工厂。1979年以来的21年间，通过地面运输和空运，共运输了2 800亿只不育蝇（约4 830吨）。另一个重要的例子是从1992年以来，从墨西哥恰帕斯州图斯特拉古铁雷斯到中美、巴拿马和加勒比的所有地区，通过地面和空中运输，运输了1 040亿只新世界螺旋蝇不育蝇（约1 733吨）。

欧洲开展的不育昆虫跨界运输多数是用来支持SIT的试点项目。第一个案例是1970年从奥地利塞伯尔斯多夫的FAO/IAEA农业与生物技术实验室发出，运输到意大利普罗西达岛的不育地中海实蝇。其他案例包括，1997—1998年，2.06亿只地中海实蝇从葡萄牙马德拉群岛的大规模饲养工厂运输到以色列。

其他涉及欧洲的不育虫蛹跨界运输包括从危地马拉、中美洲出发，经过阿姆斯特丹、法兰克福或马德里，到达以色列和南非，以及从墨西哥出发，经过法兰克福，到达利比亚（见附录3表格）。

46年来，通过国内和国际运输，至少运输了9 620亿只不育昆虫（重约18 000吨）。这些货物从未因植物检疫的原因在22个进口国或其他众多转运国被禁止入境或过境。不育昆虫是通过空中货运（商业航空公司或包机）或者地面冷藏车进行运输的。不育昆虫包装在带有标签的密封容器中，以防受到污染或逃逸。这些保护措施是为了保护不育昆虫的有效性，而不是为了针对昆虫大规模逃逸事件对公众、财产或环境的保护措施。但是，这些措施同样可以针对本文件中提到的风险起到保护作用，从而大大降低所有风险。

（二）现有的指南

国际上已经颁布了关于昆虫大规模饲养和绝育与质量控制（生产中用到的材料，产品和流程）的指南（见本章的参考文献），但是还没有指导不育昆虫运输的国际公认指南。一些国家对不育昆虫的运输没有特殊管理，一些国家仅要求标签和文件记录，还有一些国家用生物防治措施管理不育昆虫。

为了促使各国针对植物害虫防治出台统一的管理措施，风险指南就非常重要。

二、适用范围

本文描述了植物虫害控制项目中用于自绝控制的不育昆虫在跨界运输和进口（通过第三国过境或直接进入进口国）过程中的风险。本咨询小组的工作大纲范围不包括不育昆虫大规模生产场所以及与释放相关的危害和风险。

所运输的大规模饲养的不育昆虫是指通过传统选育和诱变育种手段获得的不育昆虫，如性别选择品系。通过基因工程或其他现代生物技术选择的品系不在本文考虑的运输范围内。

本文所讨论的不育昆虫仅限于通过辐照绝育的昆虫，使用其他不育技术（如化学不育或遗传转化）处理的昆虫不在讨论范围内。

三、危害识别

咨询小组的一个主要目标是识别和描述与不育植物害虫跨界运输相关的潜在植物检疫危害。咨询小组识别了危害并指出了导致危害发生的每个独立事件。这就为情景分析中每一个危害发生的可能性和结果描述提供了一种样式[①]。图1展示了每个危害的情景。

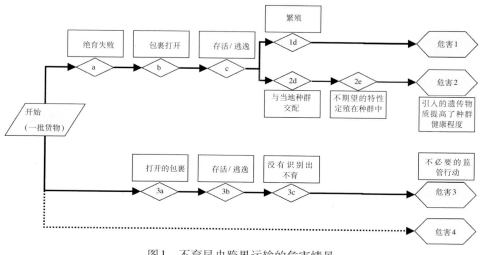

图1　不育昆虫跨界运输的危害情景

①参见情景分析技术（Miller等，1993）。

确定的4种潜在危害如下：

危　　害	导致危害发生的主要事件
靶标害虫在新的地区暴发	绝育不合格
本地虫害种群适应性提高	绝育不合格
采取不必要的管制措施	不育昆虫的身份识别错误
引入外源(新的)污染生物	运输物品中存在"搭便车"的物种

前2个情景中，导致危害发生的第一个必要事件是绝育处理失败。这可能意味着彻底失败（即货物未经绝育处理）或者没有达到绝育的相关要求。

前2个情景中，导致危害发生的第二个必要事件是包裹破裂造成不育昆虫漏出或逃逸。假定这些事件多数情况下发生在不利环境中（如机场处理货物）。这样，害虫不仅被"解放"（事件c），并且存活下来逃逸到一个有利的环境中（事件d）。最后，它必须交配和繁殖，造成危害1或者危害2。然而，危害2情景中，引入新的遗传物质本身不会产生风险，除非一个不期望的遗传性状被表达，并且新的遗传物质也要具备一个选择优势才能在群体中定殖（事件e）（图1）。

危害3与生物学效应无关，而是由于未能识别的不育昆虫，对监测到的昆虫采取了不必要的监管行动（如定界调查）。贸易伙伴可能会根据监测报告提出不利的植物卫生检疫要求。

危害4是外源污染生物的入侵，其特征与其他3种危害不同，因为它由一系列复杂的子场景组成，取决于污染生物的性质（如拟寄生昆虫、病毒等）。这个危害的区别还在于其不仅针对不育昆虫。生物防治天敌的运输也存在类似危害，某种程度上，任何货物的运输都可能存在这个危害。事实上，在不育昆虫大规模饲养过程中几乎消除了所有的拟寄生昆虫。

3个情景中（危害1、2和3）的每一个独立事件发生的可能性都是用粗略估计的概率（点估计）表示的。每个情景中独立事件的估算结果给出了发生危害的概率的总体评估。值得注意的是，这些事件的数学关系意味着：如果情景中任何事件的概率为零，那么整个情景发生的概率也为零。

这些估算是基于数据、已有项目记录、经验和专家意见，主要是关于果蝇和一些鳞翅目昆虫。估算依据涵盖了自1954年以来不育昆虫运输中大量的历史经验中极为罕见的事件，以及对SIT在技术或者科学方面的详细了解。

这种方法可以用来比较与不育昆虫运输相关的事件和危害的风险水平。其并不要求精确定量，但更重要的是为了阐明相对的量级差异。其也有助于对不育昆虫的跨界运输和其他货物的跨界运输（如生物防治天敌）相关的植物检疫风险进行比较。

情景分析过程仅限于描述与应用SIT进行害虫防治相关的直接植物检疫危害。应当指出的是这些情景在一定程度上对害虫风险管理是有用的，有助于确定控制关键点从而采取降低风险的措施。

上述过程不考虑间接危害或者针对收益的风险评估（如增加杀虫剂的使用而不采用SIT）。特别是，应该认识到尽管对于进口国或者过境国来讲任何特定危害的风险水平可能是相同的，但是，过境国不像进口国那样享有同等程度的利益而接受这个风险。在任何情况下，无论进口国还是过境国采取的措施在技术上都应该是合理的（基于风险分析或国际标准）。

四、事件的可能性

（一）危害1：靶标害虫在新的区域暴发

事件a: 绝育失败

自1954年以来，约有12 000个批次的不育昆虫的地面运输和空中运输，关于绝育失败的记录有两起（已证实1起、未证实1起）。已证实的事件发生在1982年，从哥斯达黎加运输地中海实蝇到危地马拉（S.Sanchez，个人通讯，1982）；未证实的事件发生于1980年，从秘鲁运输地中海实蝇到美国加利福尼亚州（Rohwer，1987）。从那以后，国际质量控制标准开始实施。尽管不育昆虫技术应用日益广泛，但绝育失败的事件没有再次发生。

防止绝育失败的现行保障措施：

- 现代化的生产工厂配备了故障安全辐照系统（即物理的和步骤上的）来防止这种情况的发生。
- 每个接受处理的容器都有一个剂量测定装置，确保容器已接受辐照。
- 所有的昆虫接受的最小辐射剂量都远远超过了雌性不育所需的剂量。
- 辐照器都设置了自动照射参数，防止数据篡改。
- 遵守相关程序对设备进行日常校准。
- 包装上清楚地标明含有辐照的昆虫。
- 每批货物都要在工厂和释放地点采取样本进行不育性的生物分析，以进行质量控制。

根据咨询小组的评估，发生绝育失败事件的可能性极小，评估的概率为0.5×10^{-6}。

事件b: 包裹打开

除了上文提到的事件，携带有繁殖能力的昆虫的包裹不太可能被打开，因为：

- 自1954年以来，数以万计的集装箱运输中，没有关于运输包装破损的记录。
- 从1998—2001年，以最长的运输路线之一为例（危地马拉市—迈阿密—法兰克福—特拉维夫），400多个批次货物中有一个批次的不育蝇死亡。由于运输时间过长，易腐材料（即不育昆虫）无法存活。
- 　目前防止失误操作导致包装破损的防护措施包括：
  ○ 所有的包裹都是双重包装的，有些是进行了3层包装，然后进行密封。
  ○ 托运的货物采用商业性的紧密跟踪，快速运输高度易腐烂的材料。
  ○ 货物延迟抵达，接收者要马上反馈。
  ○ 对包裹的大小和重量进行设计，减少破损。
  ○ 所有的包裹都进行合理标识（如易碎、生物材料）和编号。
- 包裹的物品不易被盗。

据咨询小组估计，包裹打开的可能性非常罕见，评估的概率为 1×10^{-5}。

事件c: 存活/逃逸

除了以上事件，有繁殖能力的昆虫不太可能存活下来并分散到适宜的栖息地，因为：

- 直接过境区域不宜生存（如缺少水分、食物，温度不适，缺少宿主，混凝土/沥青地面）。在机场存在杀虫剂或毒物。
- 机场安检不允许将未经授权的包裹带出机场。
- 由于捕食、脱水、饥饿、溺水、温度胁迫等原因，从蛹到成虫阶段的生存受限，存活到性成熟和分散的概率更低。

咨询小组估计该事件发生的可能性不大，估计概率为 1×10^{-3}。

事件d: 繁殖

除了上述事件外，发生逃逸昆虫繁殖的可能不大，因为：

- 事件可能发生在昆虫的非繁殖季节。
- 气候因素不适合定殖。
- 工厂品系对自然生存的适应性较低。
- 只有很少的幸存者能够分散并找到合适的生存环境、交配对象和宿主。

据咨询小组估计，这种可能性是罕见的，估计概率为 1×10^{-4}。

对于危害1的情景，发生所有4个事件的可能性被评估为可以忽略的风险，概率为 0.5×10^{-18}。

危害1总结：靶标害虫在新的区域暴发。

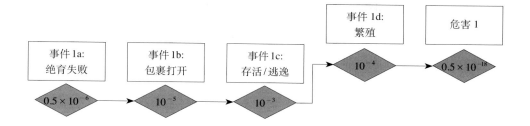

（二）危害2：通过逃逸昆虫引入了新的遗传物质，提高了当地害虫群体的适应性

危害2的情景中，事件2a、2b和2c必须发生，它们的概率值与1a、1b和1c相同。此外，事件d和e也必须发生：

事件d：逃逸的昆虫达到性成熟并且与当地种群交配

除了上述事件，逃逸的昆虫不太可能达到成熟和交配。这个事件与事件1d很相似，但是前提是该地区存在定殖的害虫群体，并且野生配偶可以接受交配。

据咨询小组估计，发生这种事件的可能性不大，估计概率为 1×10^{-3}。

事件e：不期待的性状在种群中定殖

除了上述事件以外，逃逸昆虫还必须具有选择优势的性状，从而提高种群的适应性。此外，这些性状必须在种群中定殖。然而，这是极不可能发生的事件，因为：

- 大多数引入的基因材料对种群的影响是中性的，甚至是有害的。此外，由于逃逸的昆虫数量少，这些性状不太可能在野生种群中定殖。
- 昆虫经过数代的大规模工厂化饲养，所有的实验室昆虫品系在自然条件下的生存能力都减弱了，因此它们极不可能携带提高野生种群适应性的遗传性状。
- 另外，唯一已知的通过传统育种和诱变育种（即分子标记和性别选择）引入大规模饲养的昆虫品系的性状是有害性状（如温度敏感致死）。

根据咨询小组评估，这种可能性非常罕见，估计概率为 1×10^{-6}。

对于危害2的情景，发生所有5个事件的可能性被评估为可以忽略的风险，概率为 0.5×10^{-23}。

危害2总结：通过从逃逸昆虫引入了新的遗传物质，提高了当地害虫种群的适应性。

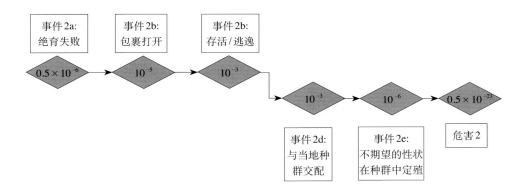

（三）危害3: 未能准确识别监测到的昆虫为不育昆虫，从而采取了不必要的管制行动

事件3a（即包裹打开）与事件1b相同。事件3b（即存活/逃逸）与事件1c相同。

事件c: 未能准确识别不育昆虫

除了上述事件外，逃逸的昆虫被检测到并且没有被识别为不育昆虫。

这一事件发生的必要条件是昆虫必须属于监管范围：

- 植物保护部门必须进行监测调查。
- 植物保护部门识别失误，没有识别出是不育昆虫，这是一件不太可能发生的事件。那些最有可能采取监管行动的国家有标准的操作程序，能够识别捕捉不育昆虫的可能性。
- 不育昆虫的标记过程和不育的细胞学鉴定失败。

咨询小组估计，发生这种事件的可能性不大，估计概率为 1×10^{-3}。

对于危害3的情景，发生所有3个事件的可能性被评估为可以忽略的风险，概率为 1×10^{-11}。

危害3总结：未能准确识别监测到的昆虫为不育昆虫，从而采取了不必要的管制行动。

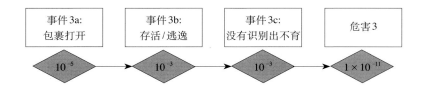

（四）危害4：引入外源的（新的）污染生物

危害4的情景具有复杂性，根据污染生物的性质（如拟寄生物和微生物）的不同而不同。这种危害也是不同的，因为它对不育昆虫是不唯一的。这个危害的区别还在于，它不仅针对不育昆虫，生物防治天敌的运输也存在类似危害，某种程度上，任何货物的运输都可能存在这个危害。因此，常把危害4与应用广泛的生物防治天敌的运输风险进行比较。

据评估，不育昆虫运输引入外源生物的风险较小，基于如下考虑：

- 在过去46年的不育昆虫运输中，没有关于该事件的书面记录。
- 运输的货物经过了绝育处理，将有效降低有害拟寄生物的风险。
- 野外收集的生物从来不会用于使用昆虫不育技术的运输中。货物是在质量控制程序下经过数代大规模饲养获得的，这就为防止有害生物的引入提供了机制保障。
- 专门的昆虫大规模饲养的标准操作程序提供了防止有害生物的机制。
- 生物防治天敌有时与活体寄生虫或者猎物一起运送。不育昆虫没有。

对于危害情景4，咨询小组估计其风险比运输生物防治天敌时引入外源生物的风险要小得多。

五、危害发生后造成的影响

如果发生了上述危害，专家组描述了潜在的影响，如下：

危害1：靶标害虫在新的区域暴发

这个危害的影响是一种主要害虫的入侵或者定殖。新害虫的负面影响包括：

- 作物产量下降。
- 质量降低。
- 生产成本增加。
- 影响贸易。
- 影响环境。

上述影响适用于昆虫的入侵和定殖的情景。在入侵的情况下，负面影响范围和期限是有限的。这是由于入侵时的条件有可能不适合害虫的定殖（如害虫无法在冬季或夏季的温度下存活）。但是害虫定殖的情况下，可以选择根除策略，此时该品系害虫的昆虫不育技术和其他根除工具是可以获得的。

危害2：通过逃逸昆虫引入了新的遗传物质，提高了当地害虫群体的适应性

当地害虫种群的危害可能会因为引入了新的遗传物质而变得更大。有可能带来的负面影响包括：

- 已经遭受虫害的作物产量降低。
- 已经遭受虫害的作物成本增加。
- 其他作物品种的损失。
- 对环境的影响。
- 对贸易的影响。

由于存在地方种群，已经采取了有效措施防控更具适应性的害虫，这将有效减小危害带来的后果。

危害3：未能识别监测到的昆虫为不育昆虫，从而采取了不必要的管制行动

仅适用于包含主动监测计划的害虫防治项目，未能识别监测到的不育昆虫将触发一系列行动：

- 加强捕获（即定界捕获）以评估监测状态。
- 启动紧急根除计划。
- 通过国内监管行动暂停内部活动和市场。
- 贸易伙伴禁止进口宿主产品。

这些行动的实施短期会对经济产生重大影响。

危害4：引入外源的（新的）污染生物

把外源生物引入到一个新的生态系统可能产生以下负面影响：

- 如果引入的外源生物是一种植物害虫，可对农作物造成直接损害。
- 如果引入的外源生物对有益生物产生负面影响（传粉者、掠食者和寄生虫），可对农作物造成间接损害。
- 生物多样性和自然生态系统的改变。
- 这个危害不仅适用于不育昆虫的运输，因此应该将其与运输其他货物的类似危害相比较，包括非生物货物的运输。

六、评估的风险

风险是危害发生的可能性与后果相乘的产物。危害可能会带来重大后果。但是由于上述危害发生的可能性极低，因此整体风险可以忽略不计。

七、结论

咨询小组就 SIT 应用于植物保护，从科学、技术和可操作性等方面进行了详细讨论，并参阅了相关参考文件，确定了应用在 SIT 项目中的不育昆虫在跨界运输中存在的潜在的生物危害和相关风险。

咨询小组得到如下结论：

- 有证据表明，SIT 很可能会被更广泛地使用。此外，某些技术层面的责任也从政府转向私营部门，涉及多个国家的活动就需要一个更加正式的途径，尤其是与不育昆虫跨界运输相关的生产活动。

- 利用 SIT 进行植物和动物害虫防治已有近 50 年的历史。在此期间，多数项目都开发了自己的标准操作规程。有些项目还制定了国际标准，并且已经在全世界范围内使用。对于果蝇来说，最重要的标准是《质量控制和剂量测定手册》（FAO/IAEA/USDA，1998；FAO/IAEA，2000）。正确应用手册中的操作规程可以避免咨询小组识别的危害发生。

- 需要建立一个 SIT 项目，关于不育昆虫跨界运输的国际公认的行为准则（或类似文件）。国际植物保护公约（IPPC）是植物检疫措施的国际标准制定机构。由于 SIT 也应用于防治兽医和医学意义上的害虫，将来有关部门应考虑牲畜害虫和昆虫媒介。

- 咨询小组识别了 SIT 项目中不育昆虫跨界运输的危害并且评估了相关风险，同时考虑了每个危害发生的可能性和影响。其中任何一个潜在危害的发生都需要一系列的事件作为必要条件。任何一个单独的事件都不会构成一个危害（图 1）。

- 危害识别、潜在影响和危害发生的可能性：

（1）绝育全部或部分失败，导致靶标昆虫在新的区域成为定殖昆虫，可能性为 0.5×10^{-18}。

（2）通过"不育昆虫"引入新的（种内）遗传物质到一个已经定殖的害虫种群中，从而使害虫的危害性更大，其可能性为 0.5×10^{-23}。

（3）未能正确识别监测的不育昆虫，导致了不必要的、可能代价高昂的监管行动，其可能性为 1×10^{-11}。

（4）引入一种外源的污染生物，导致新的害虫定殖，其风险远小于生物防治天敌的运输风险，而运输生物防治天敌的风险已经被广泛接受。

- 由于上述任何一种危害的产生均需要一系列事件的发生，咨询小组得出结论，在遵循FAO/IAEA不育昆虫的绝育、处理（包装）和运输操作规程①的前提下，不育昆虫跨界运输的风险可以忽略不计。

八、建议

咨询小组建议本讨论稿递交植物保护公约秘书处，作为植物检疫措施临时委员会制定标准的基础。咨询小组还建议，这一标准应与国际植物检疫措施第三条关于生物防治天敌的标准区分开。

另外，咨询小组建议相关国际机构评估应用于SIT项目的牲畜害虫和昆虫媒介的跨界运输风险，并制定统一的指南。

九、参考文献

昆虫不育技术相关指南：

American Society for Testing and Materials (ASTM). 1999. Standard Guide for Irradiation of Insects for Sterile Release Programs. Designation: ASTM E 1940 - 1998，11 pp.

FAO/IAEA. 2000. Gafchromic® Dosimetry System for SIT, Standard Operating Procedure. Joint FAO/IAEA, Division of Nuclear Techniques in Food and Agriculture. Vienna, Austria, 42 pages.

FAO, IAEA and United States Department of Agriculture (USDA). 1998. Product Quality Control, Irradiation and Shipping Procedures for Mass-Reared Tephritid Fruit Flies for Sterile Insect Release Programs. Recommendations reached by consensus by an international group of fruit fly quality control experts，52 pages.

其他参考文献：

Food and Agriculture Organization of the United Nations (FAO). 1992. The new world screwworm eradication programme-North Africa 1988-1992，192 pages.

International Plant Protection Convention (IPPC). 1996. Code of conduct for the import and release of exotic biological control agents. ISPM Pub. No. 3. FAO, Rome.

IPPC. 1997. New revised text approved by the FAO conference at its 29th

---

① FAO/IAEA有关于实蝇的全面的标准操作规程。应用SIT的其他植物害虫已经有了最佳实践，会逐渐形成统一的国际标准。

Session- November 1997. FAO, Rome.

IPPC. 1998a. Guidelines for surveillance. ISPM Pub. No. 6, FAO, Rome.

IPPC. 1998b. Determination of pest status in an area. ISPM Pub. No. 8, FAO, Rome.

IPPC. 1998c. Guidelines for pest eradication programs. ISPM Pub. No. 9, FAO, Rome.

IPPC. 2001a. Glossary of Phytosanitary Terms. ISPM Pub. No.5, FAO, Rome.

IPPC. 2001b. Pest risk analysis for quarantine pests. ISPM Pub. No. 11, FAO, Rome.

Miller L., M. D. McElvaine, R. M. McDowewell and A. S. Ahl. 1993. Developing a quantitative risk assessment process, Rev. sci. tech. int. epiz.,1993,V12(4), 1153-1164.

Nagel, P. 1995. Environmental monitoring handbook for tsetse control operations. The scientific environmental monitoring group (SEMG) (ed.) Weikersheim: Markgraf, 323 pp.

Orr, Richard L., Susan D. Cohen and Robert L. Griffin. 1993. Generic Non-indigenous pest risk assessment process, "the generic process" (for estimating pest risk associated with the introduction of non-indigenous organisms). USDA/APHIS Policy and Program Development publication, 40 pp.

Rohwer, G. Gregor. 1987. An Analysis of the Mediterranean Fruit Fly Eradication Program in California, 1980-82. USDA/APHIS/PPQ publication, 20 pp.

United States Department of Agriculture (USDA)/Animal and Plant Health Inspection Service (APHIS). 1991. Guatemala MOSCAMED Program. Environmental Analysis, 71 pp.

USDA/APHIS. 1992. Risk Assessment: Mediterranean fruit fly. 113 pp.

USDA/APHIS. 1993. The economic impact assessment of the Mediterranean fruit fly cooperative eradication program, 27 pp.

USDA/APHIS. 1993. Medfly Cooperative Eradication Program. Final Environmental Impact Statement, 184 pp.

USDA/APHIS. 1998. Medfly Cooperative Eradication Program, Central Florida, Environmental Assessment, 6 pp.

USDA/APHIS. 1998. Medfly Cooperative Eradication Program, Southern Florida, Environmental Assessment, 12 pp.

USDA/APHIS. 1999. Medfly Cooperative Eradication Program, Lake Forest California, Environmental Assessment, 12 pp.

USDA/APHIS. 1999. Fruit Fly Cooperative Control Program. Draft Environmental Impact Statement, 356 pp.

附录5　空中释放服务供应商列表

部分列表

公司名称	联系地址
Shickel 公司	弗吉尼亚州布里奇沃特旱河路 115 号 邮编：22812； 电话：(540) 828-2536 传真：(540) 828-4781 电子邮箱：shickel@shickel.com www.Shikel.com
美国农业部飞机和装备部门	植物保护与检疫局 (PPQ) 美国得克萨斯州米申 电子邮箱：APHIS.Web@aphis.usda.gov www.aphis.usda.gov/ppq/ispm/aeo/
K&K 飞机公司	7 号邮箱 美国弗吉尼亚州布里奇沃特布里奇沃特机场/VBW，机场路 1402 号 邮编：22812 电话：(540) 828-6070 传真：(540) 828-4031
穆巴齐航空、生物和林业服务公司	地址：墨西哥塔毛利帕斯州维多利亚市罗斯阿格斯区 恩里克·卡德纳斯·冈萨雷斯大道弗拉克街 1359 号 邮编：87040 电话：(305) 251-1982 传真：(305) 251-1966 电子邮箱：airsal@bellsouth.net
航空租赁公司（ASL）	美国佛罗里达州迈阿密市第 127 号街 SW14005 号 邮编：33186 电话：(305) 251-1982 传真：(305) 251-1966 电子邮箱：airsal@bellsouth.net

附录6　专业术语表

英　文	中　文	定　义
Area	区域	官方定义的国家、一个国家部分地区、几个国家的所有地区或部分地区（ISPM-5，2005；FAO，2005）
Area-wide integrated pest management (AW-IPM)*	大面积害虫综合治理（AW-IPM）	害虫综合治理针对有限区域内的整个害虫种群，此区域小或有缓冲带保护，所以自然驱散种群只发生在此区域
Absorbed dose	吸收剂量	一个指定靶标每质量单位所吸收辐射能量的大小（在灰度内）（ISPM-18，2003；FAO，2005）
Classical biological control	传统生物防治	有意图地引入和永久定殖外来生物天敌，从而实现长期的害虫控制（ISPM-3，1996；FAO，2005）
Commodity	货物、商品	用于商业或其他目的运输的某种植物、植物产品、或其他物品（FAO，1990；ICPM，2001修订版）
Compliance procedure (for a consignment)	合规流程（针对托运物品）	用来证实托运物品符合植物检疫要求的官方流程（CEPM，1999）
Contaminants	污染物	本指南中泛指托运货物中的任何杂质
Contaminating pest	污染害虫	货物中携带的害虫，就植物和植物产品来说，这种害虫不侵扰那些植物或植物产品（ISPM-5，2005；FAO，2005）
Control (of a pest)	控制（虫害）	一个害虫种群的抑制、遏制或根除（ISPM-5，2005；FAO，2005）
Consignment	托运货物	从一个国家运输到另一个国家的植物、植物产品或其他物品，使用同一个植物检疫证书(托运货物可以由一种或多种商品或批次组成)

（续）

英　文	中　文	定　义
Consignment in transit	过境货物	不进口至一个国家，而是通过这个国家运输到另一个国家，需要经过一些官方流程，确保货物封存完好，未分割，未与其他货物组合，也没有改变过包装 [FAO，1990；CEPM，1996 修 订 版；CEPM，1999；ICPM，2002（以前称过境国）]
Data sheet*	数据表	用来记录生产工厂、联系信息和物种（品系）、昆虫数量和重量、托运货物号、提单运费等信息的文件
Detection survey	监测调查	在某一个地区进行调查，判断是否有虫害（FAO，1990；FAO，1995修订版）
Detention	扣押	出于植物检疫原因由官方监管托运货物或者对托运物品进行监禁（见"检疫"）（FAO，1990；FAO，1995修订版；CEPM，1999）
Dispersion*	分散	分散的行为或者实例；分散的过程（牛津词典，1990）
Eclosion*	羽化、孵化	从蛹壳中羽化出昆虫或从卵中孵化出幼虫（牛津词典，1990）
Emerge*	出现	出现或出现在视野中，特别是从隐藏的状态出现（牛津词典，1990）
Emergence (adult emergence)*	羽化（成虫羽化）	成虫从突破蛹的表皮中脱出
Emergency action	紧急行动	发生新的或意外的植物检疫状况后采取迅速的植物检疫行动（ICPM，2001）
Environmental data logger*	环境数据记录器	在托运货物中用来监测和记录环境状况的设备
Entry (of a consignment)	进入（托运货物）	通过某个入口进入一个区域（FAO，1995）
Eradication	根除	采用控制植物病虫害的措施消灭一个区域的害虫。（FAO，1990；FAO，1995修订版）
Establishment*	定殖	害虫在进入某个区域后在可预见的未来时期长期生存
Non native (previously "Exotic")	非本土（以前称"外来的"）	并非一个国家、生态系统或者生态区域原有的（适用于由人类行为有意或偶然引入的有机体），由于本准则针对的情况是生物防治天敌从一个国家运输到另外一个国家，"外来的"一词指一个国家原本没有的有机体（ISPM-3，1996）

（续）

英　文	中　文	定　义
Feral	野生的	以野生或未驯服的状态存在［美国传统词典（第2版）1982，霍顿米福林出版公司］
Gray (Gy)*	戈瑞	吸收剂量的单位，1戈瑞等于每千克吸收1焦耳，即1 Gy = 1 J.kg^{-1}
Incubate*	孵化	坐在蛋上或者对蛋进行人工加热以孵化出小鸟（牛津词典，1990）
Incubation*	孵化	孵化的行为（牛津词典，1990）
Incursions	入侵	近期在一个区域发现的某一隔离的害虫种群，尚未定殖但预期短期可以存活（FAO，2005）
Infestation (of a commodity)	侵扰（货品）	货品中存在植物或植物产品的害虫活体；侵扰包括感染（CEPM，1997；CEPM，1999 修订版）
Inspection	检查	对植物、植物产品或其他管控物品的官方表观检查，以确定有害生物存在与否，或者确定依据植物检疫条例采取相应的措施［FAO，1990；FAO，1995 修订版（以前为inspect）］
Inspector	检查员	国家植物保护组织授权执行其职责的人（FAO，1990）
Intended use	预期用途	进口、生产或使用的植物、植物产品或其他受管制物品的申报用途（ISPM-16，2002）
Interception (of a consignment)	拦截（托运物品）	由于不符合植物卫生条例而拒绝或限制货物入境（FAO，1990；FAO，1995 修订版）
Introduction	引进、传入	害虫引入并完成定殖（FAO，1990；FAO，1995 修订版；IPPC，1997）
Ionizing radiation	电离辐射	通过初级或次级过程的物理交互产生的带电的粒子和电磁波（ISPM-18，2003）
Irradiation	辐照	采用任一电离辐射对物品进行处理（ISPM-18，2003）
Irradiation certificate*	辐照证明书	证明托运货物中的不育昆虫是依照认可的程序被辐照过的文件，包括生产工厂的名字、联系信息、处理日期、处理包裹的编号、托运编号和两名授权官员的签名
Irradiation indicators (radiation-sensitive indicator)*	辐照参照物（辐照敏感参照物）	证明不育昆虫接受过电离辐射的参照物

（续）

英　文	中　文	定　义
Labelling*	标签	附在物品上的一小片纸或者布料用来标明物品的来源、归属、物品、用途或目的地
MACX	MACX 系统	MACX 系统综合了虚拟和物理元件，为满足监督和质量控制需求进行了打包设计，在各级不育蝇的包装、保存和释放过程中使不育蝇有较好的发育和表现
Medfly*	地中海实蝇	地中海实蝇
Mexfly*	墨西哥按实蝇	墨西哥按实蝇
Minimum absorbed dose (Dmin)	最小吸收剂量（Dmin）	加工负荷内局部的最小吸收剂量（ISPM-18，2003）
Official	官方认可的	由国家植物保护组织建立的、授权的或执行的（FAO，1990）
Packaging	包装	用于支持、保护或携带商品的材料（ISPM-20，2004；FAO，2005）
Parasite	寄生物	一种生活在较大生物体上或生物中的生物（FAO，2005）
Parasitoid	拟寄生虫	一种只在幼虫期寄生，在发育过程中杀死宿主，而成虫期自由生存的昆虫（FAO，2005）
Pathogen	病原体	致病的微生物（FAO，2005）
Pest	害虫	任何对植物或植物产品有害的植物、动物或病原性物种、品系和生物型（FAO，1990；FAO，1995 修订版；IPPC，1997）
Pest status (in an area)	害虫状态（区域内）	目前该区域害虫存在与否，包括害虫分布（如果适用），在当前和历史害虫记录与其他信息的基础上，官方根据专家判断作出的评定（FAO，2005）
Phytosanitary measure	植物检疫措施	所有以预防害虫传入和/或扩散的为目的的法律、法规或官方程序（FAO，2005）
Phytosanitary procedure	植物检疫程序	所有官方实施的植物检疫措施，包括执行检查、检测、监督或对管制昆虫的处理（FAO，2005）
Point of entry	入境地点	官方指定进口货物的机场、海港或陆地边界点，或旅客的入口处（FAO，1995）
Point of transhipment*	转运地点	货物在到达最终入境地点以前，从一个运输工具转移到另一个运输工具的地点

（续）

英　文	中　文	定　义
Preventative release*	预防性释放	在限定地区持续释放低密度的不育昆虫，以预防果蝇群体的入侵
Prevention*	预防	在无害虫地区或周围采取植物检疫措施，以预防害虫的入侵
Progeny*	后代	某一配偶或个体经无性繁殖产生的后代
Primary packaging*	一级包装	一种密封的防止昆虫逃逸的容器或袋子，用于昆虫的辐照和运输，辐照参照物必须在封装前装入，并且在不需要打开容器的情况下就可以清晰地看到
Producer*	生产者	本文中，用来控制或根除不育昆虫的生产、绝育和运输的人员
Production facility*	生产设施	以害虫控制或根除为目，用于大规模生产、饲养和绝育昆虫（一种或多种）的建筑
Pre-clearance	预检	原产地国家的植物检疫认证或许可，由物品目的地国的国家植物保护组织按照规定监督执行（FAO，1990；FAO，1995 修订版）
Quality control procedures*	质量控制程序	本文中，用来评估大规模饲养昆虫的产品、过程和生产控制的标准化测试程序
Quarantine pest	检疫害虫	对一个地区具有潜在经济意义的害虫，目前尚未出现，或者已经存在，但没有广泛分布并被官方控制（FAO，2005）
Regulated non-quarantine pest	受监管的非检疫性害虫	一种非检疫性害虫，存在于植物中，对植物的栽培造成经济上不可接受的影响，因此在进口缔约方的领土内受到管制（FAO，2005）
Release (into the environment)*	释放（到环境中）	有意地释放一种生物到环境中（见引入和定殖）
Release centre*	释放中心	包装、羽化和保存中心
Secondary packaging*	二级包装	一个足够坚固和不易改动的容器，可以承受堆积、挤压和其他运输过程中可能遇到的问题；二级包装是一级包装的外层，一级包装的作用是保护不育昆虫在运输过程中的完整性，以免受机械损伤和极端环境的伤害；根据ISPM-15相关规定，不推荐使用木质包装材料或垫料
Sterility* (radiation induced)	不育（辐照诱发）	在受精过程中，经过辐照的个体的精子或卵子受精后不能产生后代的状况

（续）

英　　文	中　　文	定　　义
Suppression	抑制	在害虫侵扰的区域应用植物检疫措施，以减少害虫种群数量（FAO，2005）
Survey	调查	在规定的时间内进行的一种官方程序，用来确定害虫种群的特征或确定某一区域出现的物种（FAO，2005）
Test	测试	官方利用除表观检查以外的手段，判断害虫是否存在或鉴定害虫种类（FAO，1990）
Treatment	处理	官方授权的灭虫、灭活或清除害虫的程序，或使害虫无法繁殖或失去活力（FAO，1990；FAO，1995 修订版；ISPM-15，2002；ISPM-18，2003）
Wild*	野生的	非驯化和栽培的（牛津词典，1990）

注：国际植物保护公约的术语表(ISPM No. 5)不包括带＊的短语，国际专家组可能会要求审查。

参考文献

FAO Food and Agriculture Organization of the United Nations. 1996. Report on the 3[ed] meeting of the FAO Committee of Experts on Phytosanitary Measures (CEPM). Rome, Italy.

FAO. 1997. Report on the 4th meeting of the FAO Committee of Experts on Phytosanitary Measures (CEPM). Rome, Italy.

FAO. 1999. Report on the 6th meeting of the FAO Committee of Experts on Phytosanitary Measures (CEPM). Rome, Italy.

FAO. 2005. International Standards for Phytosanitary Measures 1 to 24. Produced by the Secretariat of the Plant Protection Convention (2005 edition).

The Oxford Dictionary. 1990. Clarendon Press Oxford. Eight Edition.

附录7 缩略语表

缩 略 语

ASTM	American Society for Testing and Materials	美国测试与材料学会
FAO	Food and Agriculture Organization of the United Nations	联合国粮食及农业组织
IAEA	International Atomic Energy Agency	国际原子能机构
CPM	Committee on Phytosanitary Measures	植物检疫措施委员会
IPPC	The International Plant Protection Convention, as deposite 1951 with FAO in Rome and as subsequently amended	国际植物保护公约，1951年联合国粮食及农业组织(FAO)在罗马通过，随后不断修订
NPPO	National Plant Protection Organization	国家植物保护组织
RNQP	Regulated non-quarantine pest. [ISPM No.16, 2002]	管制的非检疫类有害生物 (ISPM-16，2002)
RPPO	Regional Plant Protection Organization with the functions down by Article IX of the IPPC	区域植物保护组织，职能符合IPPC第IX条的规定
SIT	Sterile Insect Technique	昆虫不育技术
SPS	Sanitary and Phytosanitary Standards	卫生与植物卫生标准

附录8 其他相关文献

Andress, E., M. War and T. Shelly. 2015. Effect of Pupal Holding Density on Emergence Rate, Flight Ability, and Yield of Sterile Male Mediterranean Fruit Flies (Diptera: Tephritidae). Proceedings of the Hawaiian Entomological Society, 47: 27-34.

Andrewartha, H. G., J. Monro, and N. L. Richardson. 1967. The use of sterile males to control populations of Queensland fruit fly, *Bactrocera tryoni* (Frogg.) (Diptera: Tephritidae). II Field experiments in New South Wales. Australian Journal of Zoology, 15: 475-499.

(ASTM) American Society for Testing and Materials. 1999. Standard Guide for Irradiation of Insects for Sterile Release Programmes. Designation: ASTM 1940-1998, 11 pp.

Barclay, H. J., and J. W. Hargrove. 2005. Probability models to facilitate a declaration of pest free status, with special reference to tsetse fly (Diptera: Glossinidae). Bulletin of Entomological Research, 95: 1-11.

CAB International. 2001. A Dictionary of Entomology. CABI Publishing Wallingford Oxon OX10 8DE UK, 1032 pp.

Calkins, C., W. Klassen, and P. Liedo. 1994. Chronology of field trials and operational programmes involving use of sterile insect technique against tropical fruit flies. Table 1. Location, Description and Results. *In* Fruit Flies and Sterile Insect Technique. CRC Press.

Cary, J. R. 1982. Demography and population analysis of the Mediterranean fruit fly *Ceratitis capitata*. Ecological Modelling, 16(2/4): 125-150.

Clift, A., and A. Meats. 2002. When does zero catch in a male lure trap mean no tephritid flies in the area? *In* Proceedings of the 6th International Fruit Fly Symposium. 6-10 May 2002. Stellenbosch, South Africa.

Cunningham, R. T., W. Routhier, E. J. Harris, G. Cunningham, N. Tanaka, L. Johnston, W. Edwards, R. Rosander, and J. Vettel. 1980. A case study: Eradication of medfly by sterile male release. Citrograph, 65: 63-69.

Dominiak B., S. Sundaralingam, L. Jiang and H. Nicol. 2011. Effect of conditions in sealed plastic bags on eclosion of mass-reared Queensland fruit fly, *Bactrocera tryoni*. Entpomologia Experimentalis et Applicata. DOI: 10.1111/j.1570-7458.2011.01175.x.

FAO Food and Agriculture Organization of the United Nations. 1992. The new world screwworm eradication programme-North Africa 1988-1992, 192 pp.

(FAO). 1996. *Code of conduct for the import and release of exotic biological control agents*. ISPM No. 3, Rome, Italy.

FAO. 1997. *Export certification system*. ISPM No. 7, Rome, Italy.

FAO. 1997. New revised text approved by the FAO conference at its 29th Session- November.Rome, Italy.

FAO. 1997. *International Plant Protection Convention*. Rome, Italy. (FAO) Food and Agriculture Organization of the United Nations. 1997. New revised text approved by the FAO conference at its 29th Session- November 1997. Rome, Italy.

FAO. 1998a. Guidelines for surveillance. ISPM Pub. No. 6. Rome, Italy.

FAO. 1998b. Determination of pest status in an area. ISPM Pub. No. 8. Rome, Italy.

FAO. 1998c. Guidelines for pest eradication programmes. ISPM Pub. No. 9. Rome, Italy.

FAO Food and Agriculture Organization of the United Nations. 2001a. Glossary of Phytosanitary Terms. ISPM Pub. No.5. Rome, Italy.

FAO. 2001b. Pest risk analysis for quarantine pests. ISPM Pub. No. 11. Rome, Italy.

FAO. 2003. *Guidelines for the use of irradiation as a phytosanitary measure*. ISPM No. 18, Rome, Italy.

FAO. 2004. *Glossary of phytosanitary terms*. ISPM No. 5, Rome, Italy.

FAO. 2004. *Guidelines for regulating wood packaging material in international trade*. ISPM No.15, Rome, Italy.

FAO/IAEA. 2004. Report of the Consultants Meeting on "Guidelines for Export and Imports of Sterile Insects for the Implementation of SIT Programmes Against Endemic/Invasive Crop Pests. Sarasota, Florida, USA, 11-15 May 2004.

Working Material Document IAEA-314-D4CT03139 Limited Distribution. Vienna, Austria.

Fisher, K. 1997. Irradiation effects in air and in nitrogen on Mediterranean fruit fly (Diptera: Tephritidae) pupae in Western Australia. J. Econ. Entomol, 90(6):1609-1614.

Heneberry, T. J. 1983. Considerations in sterile insect release methodology. USDA-ARS.

Holler, T., J. Davidson, A. Suárez, and R. García. 1984. Release of sterile Mexican fruit flies for control of feral populations in the Rio Grande Valley of Texas and Mexico. Journal of the Rio Grande Horticultural Society, 37: 113-121.

Itô, Y., and J. Koyama. 1982. Eradication of the melon fly: Role of population ecology in the successful implementation of the sterile release method. Protection Ecology. Elsevier Scientific Publishing Company, Amsterdam, The Netherlands. 4: 1-28.

Knipling, E. F. 1998. Sterile insect and parasite augmentation techniques: Unexploited solutions for many insect pest problems. Florida Entomologist, 81: 134-160.

Lindquist, D. 2000. *Pest Management Strategies: Area-wide and Conventional*. In Area- wide control of fruit flies and other insect pests. Ed. K.H. Tan. Penerbit Universiti Sains Malaysia.

López-Martínez G. and D. A. Hahn. 2012. Short-term anoxic conditioning hormesis boosts antioxidant defenses, lowers oxidative damage following irradiation and enhances male sexual performance in the Caribbean fruit fly, *Anastrepha suspensa*. The Journal of Experimental Biology, 215, 2150-2161.

Lopez-Martinez G, Hahn D. A. 2014. Early life hormetic treatments decrease irradiation-induced oxidative damage, increase longevity, and enhance sexual performance during old age in the Caribbean fruit fly. PLoS ONE, 9(1): e88128. DOI:10.1371/journal.pone.0088128.

Meats, A. 1996. Demographic analysis of sterile insect trials with Queensland fruit fly *Bactrocera tryoni* (Froggatt) (Diptera: Tephritidae). Genetic Applications in Entomology, 27: 2-12.

Meats A., C. J. Smallridge, and B. C. Dominiak. 2006. Dispersion theory and the sterile insect technique: application to two species of fruit flies. Entomologia Experimentalis et Applicata, 119: 247-254.

Miller L., M. D. McElvaine, R. M. McDowell, and A. S. Ahl. 1993. Developing a quantitative risk assessment process, Rev. Sci. Tech. Int. Epiz, 12(4): 1153-1164.

Orr, R. L., S. D. Cohen, and R. L. Griffin. 1993. Generic Non-indigenous pest risk assessment process, "the generic process" (for estimating pest risk associated with the introduction of non- indigenous organisms). USDA/APHIS Policy and Programme Development publication, 40 pp.

Ortiz, G., P. Liedo, A. Schwartz, A. Villaseñor, J. Reyes, and R. Mata. 1987. Mediterranean fruit fly: Status of the eradication programme in southern Mexico and Guatemala. *In* A. Economopolus [ed.], Fruit Flies. Elsevier Publishers, Amsterdam.

Programa Moscamed. 2002. Manual de control autocida para mosca del mediterráneo. 2002 review. SAGARPA-USDA-MAGA. Guatemala, Centro America.

Proverbs, M. D. 1974. Ecology and sterile release programmes, the measurement of relevant population processes before and during release and assessment of results. *In* R. Pal and M. J. Whitten [eds.], The Use of Genetics in Insect Control. Elsevier, Amsterdam, The Netherlands.

Reed, J. M. 1996. Using statistical probability to increase confidence of inferring species extinction. Conservation Biology, 10: 1283-1285.

Rendón, P., D. McInnis, D. Lance, and J. Stewart. 2004. Medfly (Diptera: Tephritidae) genetic sexing: Large scale field comparison of male-only and bisexual fly releases in Guatemala. Journal of Economic Entomology, 97: 1544-1553.

Rohwer, G. Gregor. 1987. An Analysis of the Mediterranean Fruit Fly Eradication Programme in California, 1980-1982. USDA/APHIS/PPQ publication, 20 pp.

Ruhm, M. E., and C.O. Calkins. 1981. Eye-color changes in the Mediterranean fruit fly *Ceratitis capitata* pupae, a technique to determine pupal development. Ent. Exp. Applicata, 29:237-240.

Sawyer, A. J., Z. Feng, C. W. Hoy, R. L. James, S. E. Webb, and C. Welty. 1987. Instructional simulation: Sterile insect release method with spatial and random effects.

Shelly T.E. and N. D. Epsky. 2015. Exposure to tea tree oil enhances the mating success of male Mediterranean fruit flies (Diptera: Tephritidae). Florida Entomologist Volume 98, No. 4.

United States Department of Agriculture (USDA)/Animal and Plant

Health Inspection Service (APHIS). 1991. Guatemala MOSCAMED Programme. Environmental Analysis, 71 pp.

USDA/APHIS. 1992. Risk Assessment: Mediterranean fruit fly, 113 pp.

USDA/APHIS. 1993. The economic impact assessment of the Mediterranean fruit fly cooperative eradication programme, 27 pp.

USDA/APHIS. 1993. Medfly Cooperative Eradication Programme. Final Environmental Impact Statement, 184 pp.

USDA/APHIS. 1998. Medfly Cooperative Eradication Programme, Central Florida, Environmental Assessment, 6 pp.

USDA/APHIS. 1998.Medfly Cooperative Eradication Programme, Southern Florida, Environmental Assessment, 12 pp.

USDA/APHIS. 1999. Medfly Cooperative Eradication Programme, Lake Forest California, Environmental Assessment, 12 pp.

USDA/APHIS. 1999. Fruit Fly Cooperative Control Programme. Draft Environmental Impact Statement, 356 pp.

(WTO) World Trade Organization. 1994. *Agreement on the Application of Sanitary and Phytosanitary* Geneva.

图书在版编目（CIP）数据

大面积实蝇控制计划中不育蝇的包装、运输、保存和释放指南：第2版/联合国粮食及农业组织编著；刘海龙，王礞礞译. —北京：中国农业出版社，2019.12
（FAO中文出版计划项目丛书）
ISBN 978-7-109-25630-9

Ⅰ.①大… Ⅱ.①联… ②刘… ③王… Ⅲ.①实蝇科-果树害虫-防治-指南 Ⅳ.①S436.6-65

中国版本图书馆CIP数据核字（2019）第123414号

著作权合同登记号：图字01-2018-4709号

———————————————————————

中国农业出版社出版
地址：北京市朝阳区麦子店街18号楼
邮编：100125
责任编辑：徐　晖　张雪娇　　文字编辑：张雪娇　耿增强
版式设计：王　晨　　责任校对：沙凯霖
印刷：中农印务有限公司
版次：2019年12月第1版
印次：2019年12月北京第1次印刷
发行：新华书店北京发行所
开本：700mm×1000mm　1/16
印张：9.75
字数：200千字
定价：89.00元